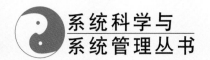

系统科学与
系统管理丛书

Mind and Emergence:
From Quantum to Consciousness

心智与突现
——从量子到意识

[美] 菲里浦·克莱顿　著

刘益宇　译

许辰佳　校

人民出版社

前　言

　　人类如何解释这个世界,如何看待我们在世界中所处的位置,深刻地(甚至是最终地)影响着人类自身。物理主义者主张一切存在物都是物理实体,存在物由微观物理学的规律、粒子和能量组成,因此也最终根据物理学术语来解释。二元论者则相信至少人类(也可能包括其他有机体)既有这些物理成分,也有灵魂、自我或精神那些非物理本质的成分。我将论证"突现"代表着这场争论中的第三种选择,这种选择会被争执的双方都接受。无论他们做出哪一种选择,也还会有自己的立场。关于我们自身以及在宇宙中的地位,关于科学、历史和意识内容,这些我们所相信的东西将会决定性地影响我们对自身以及所栖息世界的理解。

　　这本关于心智和突现的书有望消解物理主义和二元论之间的质疑。当物理主义者遇到"心智"一词时,他们知道在物理世界没有任何东西像心智一样存在,可能就将心智排除在外。相反,二元论者对心智持保留态度,即认为心智或者精神从来无法从物质中突现,因为两者有内在的不同。没有什么源于物质的心智概念足以表达灵魂、精神或上帝。因此,二元论者预先就认为突现论肯定是要失败的。

　　我意识到物理主义者和二元论者都忽略了一个关键部分。一方面,物理主义者忽略了作为世界中意识主体的人类经验。人类不仅具有思考、愿望和做决定的经验,而且也会继续经验到这些思考和意志实际上所做的事情。这是具有因果效力的(causally efficacious)。我决定重写"具有因果效力"这句话,即我有意识地激发了一系列的原因,这就导致了你此刻阅读这些文字的经验、喜欢或不喜欢的经验、无论是否为真而进行反思的经验。另一方面,神经科学家揭示出,中枢神经系统的状态与意识状态有着很大的关联,不断增强的关联理论削弱了二元论。意识的神经关联并不能证明二元论是错的,就如同不能证明总有一天意识可以完全还原到生理现象。神经科学的成功确实表明,你的意识至少是部分地源于特定的生物系统,比如说你的大脑和中枢神经系统,彼此相互作用,包含物理和历史的因素,也许还包含一些语言学和文化的因素。

突现是指自然界中相互作用所产生的新的、不可预测的现象;这些新的结构、有机体和观念不能还原到所依赖的子系统;新的进化实体反过来对生成它们的部分具有因果作用。突现论强调,意识或我们叫作心智的东西源于或依赖于复杂生物系统。然而,意识并不是唯一的突现层次;在一定意义上,意识仅仅是相当长的进化系列的另一突现层次,而这个进化系列已经刻画了进化过程。意识可能是一种特别有趣和复杂的层次,包括整个人类智能的、文化的、艺术的和宗教的生活。当然,对于作为人类主体的我们来说,意识是至关重要的,既存在于个人私有性上的第一人称表达之中,又存在于与其他人组成社会生活之中。然而,意识并不完全是独特的;意识现象也可以类比于进化史上早期突现实体。在一定意义上,只要认识到意识是"另一种突现层次",突现论就不是变相的二元论。

无论是二元论,还是还原物理主义,都无法给出完整的诠释。利用哲学和当代科学的论据,我将为以下观点辩护,即作为进化过程中的一个更深远的阶段,心智(因果效力的精神性质)从自然界中突现。不仅是心智的自然性质,还是心智不同特性(differentia specifica),都成了仅仅聚焦于生物进化如何运行及其结果的证据。

这本书不会避开心智的突现性质问题。在确立了人类与进化史上其他事物的关系的地位后,一个哲学家必然会问:在更一般的意义上,自然界中心智的位置是什么?可否在自然主义和科学研究的语境下完全理解心智?心智的突现如何相关于先验心智问题?能否严格地采用自然科学的方法和结果来弄清楚先验心智的影响?如果我们遵循自然导向的论证,我们也无法回避所延伸出的宗教信仰领域的讨论。对于那些对宗教哲学或神学感兴趣的研究者,突现在宗教上所揭示的东西可能代表了其最关键的特征。尽管如此,正如做结论的那一章将表明的,神学家们和其他诉诸突现概念的信仰者们不应该无顾虑地这样做。突现论证有其自身的逻辑,它可能要求对传统有神论和神学的某种改变。即使对于那些没有宗教信仰的研究者来说,突现在宗教上的应用提供了一种让人着迷的思想实验。这可能会增加或减少我们关于这种突现概念可行性的感觉,特别是解释更内在的现象,比如说后成力(epigenetic forces)或者人类精神经验。

我相信对于突现概念的探索,将带给我们关于该概念优势的更加全面的理解。突现概念广受关注,但也是易受责难的,遭到了不少批评。最后,我希望可以展示,突现提供了一种更有成效的新范式,可以解释从物理到意识(可能更大方面)广泛范围的现象。

在我从事上述研究的半年多时间里,相关论点的部分内容已经出现在不同出版物中;完整的参考资料清单已放在本书最后部分。特别是,第三章早期版本的某些部分出现在约翰·巴罗(John Barrow)、保罗·戴维斯(Paul Davies)和查尔斯·哈珀(Charles Harper)合编的《科学与终极现实:量子理论、宇宙学和复杂性》一书中。然而,为了对心智和突现进行单一连贯的论证,我对上述内容重新加工。

任何进行多年的研究项目都会产生令人印象深刻的债务。没有主体之间的检验和协商,可能会产生信念,有时甚至是真理。但如果没有探究者共同体(以及使之成为可能的人),就不会产生合理的知识。我非常感激:

☆ 感谢约翰·邓普顿基金会(John Templeton Foundation)通过他们的第一研究资助竞赛提供的慷慨资助,这使得我有可能对突现的科学和哲学进行更深入的研究。本书的部分内容是在邓普顿基金会赞助的"斯坦福突现项目"中完成的;我受益于与斯坦福科学家和哲学家的合作,也受益于参加斯坦福各种会议和咨询的人。

☆ 感谢参加 CTNS 七年计划"科学与精神探索"的 123 位科学家,他们在保证科学探索的最高标准的前提下探索宗教和精神问题的勇气,这也是本书学习的典范,科学家们的智识努力促成了本书的结论。

☆ 约翰·霍普金斯大学教务长史蒂文·克纳普(Steven Knapp),他是我在这个项目上的主要研究合作者,之前也有其他很多合作者。

☆ 感谢上述研究期间我的研究助理,包括凯文·科迪(Kevin Cody)、安德烈·齐默尔曼(Andrea Zimmerman)、杰里·克雷文斯(Jheri Cravens)、丹·罗伯茨(Dan Roberts)和扎克·辛普森(Zach Simpson)。

☆ 最后,还要感谢我的家人在这些特殊的岁月里的极大付出。

目　录

第 1 章
从还原到突现

人们普遍接受解释世界仅仅有两种方式:物理主义或者二元论。这种二分法的错误信念源于与牛顿物理学所对应的一种形而上学体系,而这种在 17 世纪占主导地位的形而上学体系源于希腊、基督教和中世纪。然而,我们并不用担心这些历史因素会造成冲突,本书的主旨在于结束这种二分法的两难境地。

我们这本书的主题有三个思想支柱。我已经在其他出版物中探讨其中两个支柱,即康德、德国理念论和过程思想带来的形而上学革命;非客观认识论、语境主义的科学哲学和在科学自身中发现的知识内在局限性所引发的知识论革命,这里不再赘述。[①] 21 世纪初,反对这种物理主义—二元论二分法(physicalism-dualism dichotomy)观点来源于第三个支柱:进化的科学所带来的革命。进化论视角已经从根本上削弱了曾经统治性的二分法观点:物理主义倾向于强调物理的充足性;二元论倾向于把心智从进化论解释中抽离出来。

这种进化论视角正在重新调整长期以来确立的哲学前沿,也是关于生物现象最成功的科学解释的核心预设。更确切地说,该视角是所有生物学解释中的一个组成部分,也是大量具体经验结果的一个标签。现在说生物进化论直接削弱了物理主义和二元论,这会是范畴错误。在科学理论可以支持或削弱哲学立场之前,不得不转到哲学(当然也有例外,比如哲学家直接犯了有关经验事实或科学理论的错误,而这并不常发生)。接下来我将

---

① 关于形而上学,参见克莱顿:《现代思想中的上帝问题》(密歇根州大急流城:艾德曼斯出版社 2000 年版)和续集:《从黑格尔到怀特海:对上帝的现代问题的系统回应》(正在准备中)。关于认识论,参见克莱顿:《从物理到神学的解释》(纽黑文:耶鲁大学出版社 1989 年版)。

论证"突现"是一种哲学立场,更准确地说,"突现"是对于一系列科学结果的哲学阐释,这也是对进化论的哲学阐释的最好表达。

因此,我们可以说,如果论证成立的话,那么突现就削弱了物理主义—二元论二分法的霸权。现在不是有两种,而是有三种严肃的本体论选择。在这三种选择中,突现是一种自然主义立场,同时得到一种综合科学视角(即通过横跨多种层次的自然的历史研究)和哲学反思的最有力支持。

▶▶ 1.1 还原论的兴起和衰落

只有在反还原论的背景中,对于突现的讨论才具有意义。突现论预设了解释性还原(即根据物理学客体和规律来解释自然世界的一切现象)最终是不可能的。正因如此,纵观 20 世纪的突现论需要重新审视还原论的困境。

至少在还原论的简单形式中,我们不难说清楚还原论的兴起、衰落(后文中我会谈到还原论的复杂形式)。还原论理想曾经主导了一个世纪,而这是一个科学最深层的梦想得以实现的世纪。在牛顿定律、麦克斯韦方程和爱因斯坦洞见的基础上,科学家们发展了可以解释非常小的(量子物理学)、非常快的(狭义相对论,速度接近光速)和非常重的东西(广义相对论,或者有人可能称作引力动力学)的一整套理论。对于化学来说,所有这些目的看似已经完成。克里克和沃森发现了生物化学信息系统的结构,即所有生物繁殖和遗传变异的密码。不久前人类基因组的图谱工作已经完成。神经科学的突破使人用神经生理学术语最终解释认知成为可能,而进化心理学将进化生物学带入对人类行为的解释之中。还原论的成功增强了我们的信心,依赖所谓的桥接原理(bridge laws)能够最终把科学的各个部分连接到统一的系统,即以物理学为基础的规律解释的统一系统。

然而,还原论在取得惊人成功之后,紧接着遭受到了一系列的打击。[①]科学家们遇到了许多明显的永久性限制,即关于物理学可以解释、预测或者

---

① 参见奥斯汀·克拉克:《心理模型和神经机制:心理学中的还原论考察》(牛津:克拉伦登出版社 1980 年版);汉斯·普利玛斯:《化学,量子力学和还原论:理论化学的观

知道什么的限制:相对论把光速作为速度的极限,因此也作为宇宙中通讯和因果关系的极限(我们不知道"光速"之外的东西);海森堡的测不准原理关于同时获得一个亚原子粒子的位置和动量的可知性的数学极限;哥本哈根学派得出惊人的结论,即量子力学的不确定性不仅仅是一个暂时的认识论问题,也反映出物理世界自身内在的不确定性;所谓的混沌理论表明,由于敏感地依赖于初始条件,复杂系统的未来状态很快变成了不可计算的(比如天气系统,这种依赖是如此敏感以至于一个有限的认识者绝对无法预测系统的进化——一种对于多少比例的自然系统呈现了混沌行为的令人难以置信的限制);柯尔特·哥德尔在著名的证明中指出了数学的不完备性……这样的故事还在继续。

在一定意义上,我们认为关于还原论纲领的局限是一种关于科学的哲学观点,这无法影响日常科学实践活动。进行科学研究仍然意味着试图按照组成部分及其内在规律来解释现象。因此,在大部分情况下,关于科学的突现论哲学与科学中日常实践是相一致的。然而,在另外一种意义上,还原—突现之争对于人们理解科学方法和结论有着深层的关联,这将在随后的篇章中得以体现。"科学统一"运动主导了 20 世纪中叶,关于科学的还原论哲学的经典表述,预设了一种关于自然科学的理解——目标、认识地位、与其他研究领域的关系和宿命——上述理解与基于科学的突现论的理解存在根本的区别。无论科学家归于哪种立场,都将不可避免地影响到如何探究科学以及如何看待科学结果。

▶▶ 1.2 突现概念

作为一种经典定义,埃尔·哈尼和佩雷拉(el‑Hani and Pereira)区分

点》第 2 页。(柏林:斯普林格出版社 1983 年版);伊万德罗·阿加齐编:《科学中的还原论问题》(认识论,18 卷;多德雷赫特:克鲁尔学术出版社 1991 年版);特伦斯·布朗和莱斯利·史密斯编著:《还原论和知识的发展》(Mahwah, NJ: L. Erlbaum, 2003)。斯文·沃尔特和海因茨·迪特也很有帮助海克曼编:《物理主义和心理因果:心智的形而上学行动》(埃克塞特:印记学术 2003 年版)和卡尔·吉列特和巴里·洛厄编:《物理主义及其不满》(纽约:剑桥大学出版社 2001 年版),例如,金在权的文章:《心理因果关系和意识:物理主义者的两个身心问题》。

了突现概念的四个特征。

（1）本体论物理主义（**Ontological physicalism**）：时—空世界中的所有存在都是物理学确定的基本粒子以及基本粒子的聚集。

（2）属性突现（**Property emergence**）：当物质粒子聚集并达到组织复杂性的适当层次，真正的新颖属性会在这些复杂系统中突现。

（3）突现的不可还原性（**The irreducibility of the emergence**）。突现属性虽然从更低层次中突现，但不可还原到更低层次的现象，我们也不可根据更低层次的现象预测突现属性。

（4）下向因果（**Downward causation**）。高层次的实体因果性地影响低层次的组成。①

以上每个特征需要详细阐释，有的还需要修正。下面对突现的辩护涉及的一组观点并不弱于以上四项特征，但修正如下。

关于（1）本体论物理主义

第一个条件表达不充分，但确实是表达了突现论对二元论的冲击。但是如果说突现论是正确的，就削弱了一种将物理学作为基本学科并推导出其他所有学科的主张。而且，将所有"不被物理学承认"的对象看作是突现实体（在一定意义下被定义的），而不仅仅是物理学上的聚合体。因此，我建议从本体论一元论论题开始讨论是更加恰当的：

（I'）本体论一元论（**Ontological monism**）：在终极意义上，实体由某一种基本质料组成。而物理学概念对于解释这些质料所采取的所有的形式——它被建构、被个体化和发挥因果效应的所有方式——是不充分的。显然，某一种"质料"只采取了物理学解释的形式，那么物理学本体论（或简称"物理主义"）是不适当的。我们不应假定所有存在物都是物理学实体。因此突现论者应该是一元论者，而不是物理主义者。

---

① 夏贝尔·尼诺·哈尼、安东尼奥·马科斯·佩雷拉：《更高层次的描述：为什么我们应该保护它们？》，见彼得·b.安德森、克劳斯·埃梅切、尼尔斯·奥勒·芬内曼、彼得·沃特曼·克里斯蒂安森编：《下向因果关系：心智、身体和物质》（奥胡斯：奥胡斯大学出版社 2000 年版），118—142，第 133 页。

关于(2)属性突现

从本质上说,发现自然界中真正新颖性质是我们研究突现的一种主要动机。蒂姆·奥康纳(Tim O'Connor)已经提供了关于属性突现一种精致的解释。对于某种物体 O 的任何突现性质 P,需要满足四个条件:

(i)P 依随于 O 的组成部分的属性;

(ii)物体的任何组成部分不具有 P;

(iii)P 不同于 O 的任何结构属性;

(iv)P 对于涉及 O 的组成部分的行为模式具有直接("下向的")决定性影响。①

尤其要注意奥康纳的条件(ii),他称之为非结构性特征(the feature of non - structurality),具有三个特征:"这种属性不只被某些复杂性物体潜在地拥有,而不被物体任何部分所拥有,这种属性【同时】并且不同于物体的任何结构属性。"②

关于(3)突现的不可还原性

我们说突现属性无法还原到低层现象,这预设了实在被分为若干不同的层次。正如温萨特(Willism C.Wimsatt)所言:"就组织层次而言,我的意思是组成的层次——对通过部分—整体关系组织起来的质料(典型的但不必然地是物质质料)的层级划分,这种部分—整体的关系是指一个层次上整体的,在更高层次上的组成部分起到了部分的功能……"③温萨特从对比突现本体论与蒯因的沙漠景观(Quine's desert landscapes)开始,坚持"既是还原论者又是整体论者是可能的"④。因为相较于我们所说的"新时代整体论",温萨特坚持的理由就是突现整体论(emergentist holism)是一种受约束的整体论。这种受约束的整体论包括两方面:一是存在不能还原到物理原因的因果关系形式(不止是在某一时刻里不能还原的问题),二是那种因

① 参见蒂姆·奥康纳:《突现属性》,载《美国哲学季刊》31(1994),第 97—98 页。
② 蒂姆·奥康纳:《突现属性》,载《美国哲学季刊》31(1994),第 97 页。
③ 见威廉·C.温萨特:《复杂系统的本体论:组织、视角和因果丛林的层次》,载《加拿大哲学杂志增刊》20(1994),207—274,第 222 页。
④ 威廉·C.温萨特:《复杂系统的本体论:组织、视角和因果丛林的层次》,载《加拿大哲学杂志增刊》20(1994),207—274,第 225 页。

果关系应该是我们通往本体论的主要指南。正如温萨特所说,"在本体论意义上,我们可以把世界的主要运行方式看作是这些因果关系以多种方式彼此联系,然后一起组成因果性网络模式"[1]。

接下来突现论的主要问题之一,就是我们什么时候可以确切地说自然秩序中突现出一种新层次。从传统上来说,"生命"和"心智"已经被作为世界中的真正的突现层次——而不能像笛卡尔那样对"心智"做二元理解。然而,可能有更多的层次存在,甚至可能是不可数的层次存在。例如,在 21 世纪初出版的一本书中,耶鲁生物物理学家哈罗德·莫洛维茨(Harold Morowitz)指出,在自然历史中,我们至少可以区分 28 个不同突现层次。[2]

参照数学有助于我们澄清突现层次的意义,然而,参照数学确定突现的原因,常常是混乱的。虽然数学知识不断发展,但是很明显数学是一门不会碰到一些新东西突现的领域。数学研究涉及逻辑蕴涵(logical entailments)的发现:从一开始规则和原理就被构建为公理系统。因此,假如你想要知道一整套共点整数中数码的数量,你从最后一个的值减去第一个的值,然后加上一个值,这总是对的。然而,似乎并不是只有数字变得很大时,上述规则才开始适合。相反,在自然界中,一个系统的粒子的数量或者系统的复杂程度确实产生影响。在复杂系统中,结果大于部分之和。无论在经验上,还是在概念上,确定复杂性何时以及何种原因会足以产生新结果的任务是困难的。

关于(4)下向因果关系

许多人认为,下向因果关系是一种彻底突现论的最显著的特征,而这也是对于彻底突现论最大的挑战。正如奥康纳所说,"一种突现因果影响是不能还原到它所依随的微观性质(micro - properties):一种突现因果影响是以一种直接的'下向'形式进行,这与简单结构的宏观性质(macro - property)的情形构成对比,简单的宏观性质的因果影响是由微观性质的活

---

[1] 威廉·C.温萨特:《复杂系统的本体论:组织、视角和因果丛林的层次》,载《加拿大哲学杂志增刊》20(1994),第 220 页。

[2] 哈罗德·莫洛维茨:《万物的出现:世界如何变得复杂》,纽约:牛津大学出版社 2002 年版。

动构成并产生的。"①

这样一种突现结构，或者客体对于其组成部分的因果影响，代表了一种类型的因果关系（causality），这与现代科学中因果关系的标准哲学做法相背离。下向因果概念可能是突现论争论的关键之处，在随后的篇章中我们会更多地讨论。一些学者试图为其辩护，常常严厉批判现代"动力"因（"efficient" causality），倡导对因果关系进行拓展的理解，这可能与亚里士多德的四种不同类型的因果影响相关。而困难在于质料因（material causality），即事物的质料引起它成为因果的特别形式，并以这种形式起作用——这并不比动力因少一点"物理主义"，而目的因（finalcausality）——目的以一种方式促使事物影响它的行为——与对于世界的活力论、二元论和超自然论解释是有关的，而这些解释是大多数突现论者要避免的。形式因（formalcausality）——一个客体的形式、结构或功能对于其活动的影响——因此可能是这些亚里士多德式选择中最富有成效的。虽然有很多工作要做，但是一些学者已经开始构建一种关于因果影响的更为广泛的理论。②

▶▶ **1.3 突现概念前史**

乔治·亨利·刘易斯（George Henry Lewes）首次提出的"突现"概念已得到广泛承认。③ 然而，提出突现概念的先驱在西方哲学史上至少可以

---

① 奥康纳：《突现属性》，第97—98页。这场辩论的基础是唐纳德·坎贝尔的著作，例如《层次组织生物系统中的"下向因果关系"》，载F.J.阿亚拉、T.H.多布詹斯基编著：《生物哲学研究》，伯克利：加州大学出版社1974年版，第179—186页，以及《组织的层次，下向因果关系，以及进化认识论的选择理论方法》，见G.格林伯格、E.托巴奇编：《认知进化的理论》，希尔斯代尔：劳伦斯·埃尔鲍姆1990年版，第1—17页。
② 参见罗姆·哈雷、E.H.曼登：《因果力：自然必然性理论》，牛津：布莱克威尔出版社1975年版；约翰·杜普瑞：《事物的无序：科学不统一的形而上学基础》，剑桥：哈佛大学出版社1993年版；罗伯特·N.布兰登：《还原论、整体论、机制论》，载R.N.布兰登编：《进化生物学的概念和方法》，剑桥：剑桥大学出版社1996年版，第179—204页。
③ G.H.刘易斯：《生活与精神问题》2卷，伦敦：Kegan Paul, Trench, Turbner, & Co., 1875。

追溯到亚里士多德。亚里士多德的生物学研究提出了一项有机体内的生长原则：有机体对突现的特质或形式负责。亚里士多德称这项原则为"隐德莱希"（entelechy），即生长和完善的内在原则，引导有机体实现一种特质，这种特质仅仅是以潜在状态存在。根据其"效力"信条（doctrine of "potencies"），人类或动物的成年形式从其幼年形式中突现而出。（然而，这与当代的突现论有所不同，亚里士多德认为完整的形式已经从一开始就存在于有机体，就像一个种子；这个种子只需要从其潜在状态转变为现实状态。）正如上文所述，亚里士多德对突现的解释包括"形式"因，通过有机体的内在形式起作用，而"目的"因则把有机体拉向终极状态或"完美"状态。

我们不能夸大亚里士多德对希腊、中世纪和近现代的影响。亚里士多德的变化和生长的概念形成了伊斯兰思想，而且特别是在托马斯·阿奎那的手中洗礼之后，也变成基督教神学的基础。当达尔文开始从事研究工作的时候，生物学在许多方面仍然处于类似于亚里士多德范式（Aristotelian paradigm）的影响之中。

突现论的第二个先驱可能是流溢说（emanation）。这派观点最早由普罗提诺在公元 3 世纪提出，[1]后来得到追随他的新柏拉图主义思想家大力发展。普罗提诺认为，整个层级通过一种流溢的过程，从一中突现而出。这种扩张受到一股力量（movement）的制衡，即有限事物将衍生物回溯到本原。新柏拉图主义模式既考虑到有一种区分化和因果性的下向力量，也考虑一种上向力量，日益完善，与本原日益接近，与"一"（在原则上）神秘地再次统一。与世界的静止模式不太一样，流溢模式考虑到一种逐渐的生成过程。虽然新柏拉图主义哲学家们通常聚焦下向流溢，这种下向流溢产生了智能的、心理的和物理的不同领域（希腊语：nous…），但是流溢观也考虑到新物种的突现。在那些情况下，我们在时间的意义上理解流溢，正如普罗提诺所指出的，流溢说为生物学进化说或宇宙进化说提供了一种重要的先例（antecedent）。最后，过去 150 年间，过程哲学也为突现论做出了重要贡献，[2]这

---

① 更多细节可见克莱顿的《上帝的问题》第 3 章。

② 参见罗姆·哈雷、E.H.曼登：《因果力：自然必然性理论》，牛津：布莱克威尔出版社 1975 年版；约翰·杜普瑞：《事物的无序：科学不统一的形而上学基础》，剑桥：哈佛大学出版社 1993 年版；罗伯特·N.布兰登：《还原论、整体论、机制论》，见 R.N.布兰登编：《进化生物学的概念和方法》，剑桥：剑桥大学出版社 1996 年版，第 179—204 页。

一点会在随后的篇章中讨论。

当科学仍然是自然哲学时,突现扮演了一种富有成效的启发式角色。然而,在 1850 年之后,在一定程度上,突现论几次被非科学地强行作为一种形而上学框架,而这种做法阻碍了经验研究的进展。主要的例子包括世纪之交的新活力论者(比如说,H.杜里舒的隐德来希 H.Driesch's theory of entelechies)和所有生物内在关联的新唯心论(比如说布拉德利的内在关系理论 Bradley's theory of internal relations),也包括 20 世纪 20 年代英国突现论者对于心智起源的思考。

哲学家黑格尔应该算是突现论的伟大当代倡导者。具有争议的是黑格尔在静止存在观或者实体观中,提供了一种世俗化的本体论,一种关于宇宙生成的哲学。在他的体系中,第一步是从作为第一条公设的存在到否定无。如果这两者直接相对抗,在现实中就不会有发展。但是,两者的对抗被生成范畴所超越。这一步既是体系中的第一个步骤,也是一种基本原则的表达。在"精神归其自身"的宇宙洪流中,对抗常常产生,而又被一个新层次的突现所超越。

作为一名唯心主义者,黑格尔没有从自然或物理世界开始研究;而是从观念世界开始。在某一时刻,观念造就了自然世界,而在精神中两者被重新整合。虽然在理解突现方面,从黑格尔的理论到科学开始发挥主要作用之前,大约有 80 年的时间,但是如果我们想要黑格尔理论对于科学有效,需要修正黑格尔关于突现过程的唯心主义路径。首先,即使突现还不是被自然科学所推动的,找到一种更加唯物的起始点是必要的。费尔巴哈(Feuerbach)对黑格尔的"转化"代表了这个方向的开始。对于费尔巴哈来说,发展规律仍然是必要的,黑格尔意义上三重的(triadic)(辩证的)。但对于《基督教本质》的作者(即费尔巴哈)来说,精神观念始于人类的物质和社会现实("类存在"species-being)。卡尔·马克思(Karl Marx)通过生产的方式固定辩证法,使转化更加全面。当代经济史中,经济结构发展的研究,变成了基本的层次,而观念被还原到一种"超结构"(super-structure),这代表了唯心主义的副作用或者对于经济结构的追溯式辩解。

19 世纪社会学的诞生(或者在更广泛的意义上的社会科学)与上述发展有着紧密的联系。社会学之父奥古斯特·孔德(Auguste Comte)提供了他自己的进化之梯。然而,现在科学为层次加冕,成为宗教时代和哲学时代正当的继承人。孔德及其追随者(特别是涂尔干),坚持认为更高层的人类观念起源于更简单的前提条件,这也有利于建立了一种对于人类社会的突现论式理解。今后人类的研究将不得不从物质和社会世界的基本过程开始,而不是纠缠于观念领域或柏拉图式的形式。

▶▶ ## 1.4 弱突现论与强突现论

评论者们普遍同意(虽然具体提法有较大变化)20 世纪的突现论可以分为两个大的范畴:"弱"突现论和"强"突现论。我们可以坚持这些形容词关系到突现的程度,而不要预判两种立场。① 强突现论者坚持认为宇宙中的进化产生新的本体论意义上的独特层次,这是以其自身独特的规律或规则和因果力为标识的。相反,弱突现论者认为,随着新模式突现,基本的因果过程保留了物理学的那些规律因果力。作为突现论者,这些思想家们相信,使用突现范畴(例如蛋白质合成、渴望、亲选择或者被爱的愿望)解释因果过程对于科学的成功可能是根本性的。尽管这种突现结构可能根本上地约束了低层结构的行为,但是它们不应该被视为凭自身而具有积极的因果影响。

弱突现论者承认不同种类的因果作用似乎决定了实在的"更高"层级。例如,他们同意强突现论者所说的进化形成了结构,作为突现的整体限制了其组成部分的运动。然而,在这些突现模式中,由于我们的无知,我们无法识别出相同的基本因果过程中新的表现形式。正因为如此,相对于强突现

① 参见马克·贝道:《弱突现》,载《哲学视角:心智,因果关系和世界》,阿塔斯卡德罗:里德维尤出版社 1997 年版,第 375 — 399 页。E.J.罗威[《精神的因果自主》,载《心智》102(1993),629—644,第 634 页]声称他是第一个使用弱和强这两个术语的人,他的用法改编自约翰·塞尔的《心智的再发现》中的"突现 1"和"突现 2"。(剑桥:麻省理工学院出版社 1992 年版),第 5 章:"还原论和意识的不可还原性"。注意,"弱"在文献中并不是用来嘲笑的。唐纳德·戴维森《思考原因》,见约翰·海尔和阿尔弗雷德·梅尔编:《心理因果》,牛津:牛津大学出版社 1995 年版第 4 期引用了金在权对"弱"依随概念的使用,同意金在权的说法,即这个术语很好地表达了戴维森自己对精神事件的理解。由于我对精神事件的立场接近戴维森的反常一元论,我很高兴地遵循他的术语建议。正如我们将看到的那样,弱依随性对应于强突现性;强依随性对应(最多)弱突现性(见第 4 章)。

或者说"本体论上的"突现,弱突现有时被称为"认识论突现"。迈克尔·西尔伯斯坦(Michael Silberstein)和约翰·麦格里维(John McGreever)很好地界定了两者的区别:

如果一个性质可以还原,或者被客体,或者被系统终极构成的内在性质所决定,该性质是认识论上的突现,而同时它在终极构成的基础上很难解释、预测或者推导。认识论上的突现性质只有在描述层次上是新颖的……本体论上的突现特征既不能还原,也无法被更基础的特征所决定。本体论上的突现特征是系统或整体的特征,包含的因果力(causal capacities)无法还原到任何组成部分的内在因果力,也无法还原到部分之间任何(可还原的)关系。[1]

在弱的意义上给出突现的一种正式定义是不难的:F 是 S 的一种突现性质如果(1)存在一条规律影响所有包含 F 的微观结构的系统;(2)但是 F 无法(甚至在理论上)从系统构成要素 $C_1, \cdots, C_n'$ 的基本性质的最完整的知识推导出来。[2]

从还原物理主义者的立场上来说,弱突现论和强突现论都代表着一种概念上的突破。两者之间的区别是重要的,适当的时候我们将会更多讨论。弱突现论与"科学的统一"观点更接近,因为它更强调物理学和依随的层次之间的连接性。从 20 世纪 30 年代早期的英国突现主义的盛世结束直到世纪末,这种观点在科学和哲学中赢得了大量重要的支持。然而,21 世纪初很多哲学家指责弱突现论是一种物理主义的真正替代品。正如我所认为的,如果这种指责是真的,尽管有相反的好效果,弱突现论将留给我们一种负担,即物理主义与二元论同样古老的二分法。

我们对比弱突现论和强突现论,包括激发它们的问题以及它们所采用的论据,这是重要的。然而,两种立场都反对还原物理主义,这是它们具有重要共同点的一个标志。在我们讨论两者的争辩之前,探讨它们共享的历

---

[1] 参见迈克尔·西尔伯斯坦、约翰·麦格里弗:《本体论出现的探索》,载《哲学季刊》49(1999),182—200,第 186 页。认识论和本体论,或弱和强,突现之间的同样区别,是在金在权重要的"理解突现"的中心,这是哲学研究特刊关于突现的特稿;参见 Kim:《理解突现》,载《哲学研究》,95(1999),3—36。

[2] 安斯加·贝克曼、汉斯·弗洛尔、金在权编著:《突现还是减少?》,载《论非还原物理主义的前景》,纽约:W.de Gruyter,1992,第 104 页。

史和关联是至关重要的。通过尝试对 20 世纪突现历史的概念上的重建,我们将得到一种关于两种相关学派的思想上相似点和不同点的更为清晰的图景。为了得出一种决定性的例子以反驳物理主义的形而上学,首先必须整理出来两种立场共同的资源;只有那样,我们才能转向持续导致分离它们的问题。

▶▶ 1.5 强突现论:C.D.布罗德

我的讨论开始于C.D.布罗德的《心智及其在自然中的位置》(*The Mind and its Place in Nature*),这本书可能是突现论领域中最负盛名的著作。布罗德的立场显然不是二元论,他坚持突现论与一种关于物理世界的基本一元论相兼容。他把这种突现一元论与他称之为弱突现和"机械论"(Mechanism)进行了对比:在突现论中,我们必须重新调和我们自身,更不用说调和外部世界中的统一性,也不用说调和各种科学间的直接联系。至多,外部世界和研究外部世界的各种科学将形成一种层级。如果我们喜欢,可能会坚持只有一种基本东西。但是我们应该识别出各种秩序的集合。[①]

布罗德认为,突现可以按照规律("跨层次规律"trans-ordinal laws)来表达,这种规律把突现特征与更低层的组成部分联系起来,也把突现特征与在突现层次上产生的结构或模式联系起来。然而,突现规律(emergent laws)无法满足推演的要求。比如说,亨佩尔的"覆盖律"模型[②];这些突现规律不是形而上学意义上必要的。此外,这些突现规律有另外一种奇怪的特点:"[一种突现规律]的唯一特性是在我们可以发现这种规律之前,我们必须等着,直到我们遇到一个更高层次的客体(an object)的一个现实例子;然后……我们不可能从任何规律组合(通过观察更低层的聚合物而发现的)

---

① C.D.布罗德:《心智及其在自然中的地位》,伦敦:劳特利奇和基根保罗出版社 1925 年版,第 77 页。

② 关于覆盖定律模型,参见如下经典著作。卡尔·亨普尔、保罗·奥本海姆:《解释逻辑的研究》,载《科学哲学》15(1948),135—175,第 2 页;亨普尔:《科学解释的方面》,纽约:自由出版社 1965 年版;恩斯特·内格尔:《科学的结构》,伦敦:劳特利奇和基根保罗出版社 1961 年版。

中提前推导出这种规律。"①

这些论述不足以标志着布罗德是一个强突现者,而不是一个弱突现者。他关于生物学的论述也不足以表明他是强突现者。他接受自然中的目的论,但是在一种足够弱的意义上(即没有自动推导到一个宇宙设计者)定义这种目的论是可能的。布罗德也攻击隐德来希②和他所称的"本质活力论"(Substantial Vitalism),后者很明显是指杜里舒(Hans Driesch)的观点。布罗德拒绝生物机械论(biological mechanism),因为"有机体不是机器,而是系统,系统的特征行为是突现的,而不是机械论上可解释的"③。这样他接受"突现活力论"(Emergent Vitalism),同时坚持这种活力论的简化版本是突现的可能结果,而不是突现的动机:"必须假定的是,不是一种物质的特殊倾向造成含有活力特征的排列种类,而是有着一种普遍的倾向,即将有序的复合物结合在一起,然后形成一种复合物。"④突现论与有神论是兼容的,但并不必须要有神论。⑤

正是在布罗德对身心问题的扩展处理中,我们可以最清晰地看到为什么导向心智的突现阶段实际上包含了强解释。他辩驳道,心理事件(Mental events)代表了另外的独特突现层次,但是不能只是根据心理事件之间相互关系来解释它们。某一类"核心理论"(Central Theory)是必需的,即一种理论假定心理的一个"核心",会把各种心理事件联结成"心智"(mind)。正如布罗德早些所说的,一种物质事件概念要求物质实体概念,所以现在他说心理事件概念需要心理实体概念(the notion of mental substance)。就"持存的整体"(enduring whole)而言,布罗德仍然是一个突现论者,他称之为"心智"或者"心理粒子"(mental particle)"不是与一个身体,

---

① C.D.布罗德:《心智及其在自然中的地位》,伦敦:劳特利奇和基根保罗出版社 1925 年版,第 79 页。

② C.D.布罗德:《心智及其在自然中的地位》,伦敦:劳特利奇和基根保罗出版社 1925 年版,第 86 页。

③ C.D.布罗德:《心智及其在自然中的地位》,伦敦:劳特利奇和基根保罗出版社 1925 年版,第 92 页。

④ C.D.布罗德:《心智及其在自然中的地位》,伦敦:劳特利奇和基根保罗出版社 1925 年版,第 93 页。

⑤ C.D.布罗德:《心智及其在自然中的地位》,伦敦:劳特利奇和基根保罗出版社 1925 年版,第 94 页。

而是与一种物质粒子类似"①。(相反,二元论者会从心理实体的假设出发,得出个体心理事件的定义。)强突现论立场位于二元论和弱突现论之间。布罗德从一种特定类型的*事件*(在这个意义上的心理事件)得出其实体概念,而不是预设它就是终极东西。然而,当谈到现实客体或者处于那个层次的特定突现实体时(带有其自身特定的因果力 causal powers),他强调了每一个独特层次的突现实在(emergent reality)。

布罗德通过阐述 17 种心智在自然中的位置的形而上学立场,最终融合为一种"突现物质主义"(emergent materialism),相比于其他立场,这种突现物质主义是他所偏爱的。然而,这种物质主义是从 20 世纪下半叶主要的(即使不是全部的话)物质主义和物理主义立场中分离出来的。例如,正如布罗德所定义②,"唯心论(idealism)与物质主义不是不相容的",这也是当今大多数物质主义中不能说的一些东西。正如我们已经看到的那样,布罗德(再次定义)的物质主义与有神论也不是不相容的。

▶▶ 1.6 突现进化:C.L.摩根

康威·劳埃德·摩根(Conway Lloyd Morgan)可能成了 20 世纪 20 年代最有影响力的英国突现论者。在对其突现论的成功进行最初评价之前,我重新建构了他的突现论的四条主要原理。

首先,摩根不能接受我们可能称之为达尔文的*连续性原理*(continuity principle)。作为一个渐进主义者,达尔文在方法论上消除了自然中的任何"飞跃"(jumps)。而在摩根看来正相反,突现全部都是关于承认出进化是"间断的"(punctuated):即使一种进化的全面重构,也不能消除在进化过程中所显示的基础阶段或层次。

在这点上,比起达尔文来,摩根与阿尔弗雷德·罗素·华莱士(Alfred Russel Wallace)的立场更接近。华莱士的工作主要集中于进化过程里性质

---

① C.D.布罗德:《心智及其在自然中的地位》伦敦:劳特利奇和基根保罗出版社 1925 年版,第 600 页。

② C.D.布罗德:《心智及其在自然中的地位》,伦敦:劳特利奇和基根保罗出版社 1925 年版,第 654 页。

的新颖性。比较有名的是，华莱士转向了神性干预(divine intervention)，作为对进化中每一个新阶段或者层次的解释。摩根认为，这样一种诉求迟早会导致面临"缺口的上帝"策略("God of the gaps" strategy)问题。摩根坚信，如果科学探究没有进步，就一定有可能认清突现层次。在《突现进化》(Emergent Evolution)的附录中，摩根用"进化自然主义"来反对华莱士。摩根赞同突现不是作为一种保存因果影响 ad extra 的手段，而是因为他相信科学研究表明，一系列不连续阶段在自然史中是基本的。

其次，摩根寻找一种生物学哲学，可以给新生命形式和行为的突现留下适当的位置。有意思的是，在塞缪尔·亚历山大(Samuel Alexander)之后，亨利·柏格森(Henri Bergson)是在《突现进化》(Emergent Evolution)一书中最常被引用的作者之一。摩根拒绝柏格森的结论("在很多方面我们的结论不同于柏格森所引导的观点"，《突现进化》第 116 页)，由于相同原因，他也拒绝华莱士的观点：柏格森得出了一种活力论(élan vital)或者生命力(vital energy)是作为一种来自外在自然界的力量。[1] 这样，柏格森的创造进化(Creative Evolution)结合了一种非物质力量的笛卡尔式观点和 19 世纪晚期普遍存在的进化论观点。相反，摩根的根本动力完全内在于自然过程中。然而，比起上述对比立场，摩根的立场与柏格森更接近一些。对摩根来说，"创造进化"也是持续产生了新类型的现象。正如鲁道夫·梅茨(Rudolf Metz)所言：

恰恰是通过柏格森的创造进化概念，新颖性学说[变得]广为人知，在英国一路发展，亚历山大和摩根反对机械进化论，他们成了最有影响力的拥护者(champions)。突现进化是柏格森创造进化的一种新的、重要的而且特别的英国变种。[2]

再次，摩根为实在层次概念(the notion of levels of reality)进行了强有力的辩护。他始终主张，一种关于自然界的研究会寻找作为整体的系统的层次上的新颖属性，而这种属性在该系统的部分中是不会呈现出来。摩根通过为以下理论辩护总结了其立场：

---

[1]　因此，克莱顿同意大卫·布里茨的观点，摩根的作品不仅仅是柏格森的英文译本。

[2]　鲁道夫·梅茨：《英国哲学百年》，J.H.缪尔黑德主编，伦敦：G.Allen & Unwin，1938，656；引用大卫·布里茨：《突现进化：定性的新颖性和现实的层次》，认识论，19(Dordrecht：Kluwer，1992)，86。布里茨的著作是研究摩根思想早期影响的宝贵资源。

　　然而实在的层次或者秩序……确实意味着（1）随着新型关系连续地依随发生，整体系统中复杂性也在不断增加；（2）在这种意义上，实在是在发展的过程中；（3）我们可能谈及的实在中的丰富性在不断上升；（4）到 21 世纪初为止，我们所知的最丰富的实在位于突现进化金字塔的顶端。（《突现进化》第 203 页）

　　实在层次概念可追溯到普罗提诺的新柏拉图主义哲学，其认为实在一系列独特的层次中，所有东西起源于一系列不同层次中的"一"（理性、精神、个人心智、人和动物等等）。然而，21 世纪初情况下，这种立场的出发点首先不是形而上学的，而是科学的：对于世界自身的经验研究暗示，实在表明自身是一系列正在突现的层次，而不是物质的排列，物质被理解为所有事物基本的建构模块。

　　最后，在强突现的意义上，摩根解释了这些各种层次上的突现物体（emergent objects）。正如他的研究表明，存在更强的和更弱的方式来提出实在层次观念。根据布里茨的研究，摩根关于层次的强解释是受到了由沃尔特·马文（Walter Marvin）所提倡的一种基本哲学主题的影响。这种主题已经辩称，实在可以分解为一系列"逻辑层"（logical strata），每一个新阶层包含更少量的、更专门类型的实体：

　　总之，刚才概述的实在的图景是逻辑地建构于层次之上的。逻辑性和数学性是基本的，也是普遍的。接下来是物理性，尽管广泛度上少一些，但仍然实际上（当然这绝非）是普遍的。再接下来是生物性，很广泛，但比化学性的广泛度要少得多。最后是精神性，特别是人类和社会的精神性，远不具有广泛性。①

　　只有当突现接受简约性原则，突现对于科学化心智的思考者是有趣的，不会提出多于资料（data）本身所要求的形而上的上层建筑。摩根所为之辩护的资料要求突现的强解释。这些资料支持以下结论：在进化中有主要的间断点（discontinuities）；这些间断点导致自然界中显示现象的多重层级；处于这些层级的物体证明了一种统一性和整体性，要求我们把其当作有独立自主性的整体或者物体或者主体（agents）来对待；然后，就像这样，它们

---

① 沃尔特·马文：《形而上学的第一本书》，纽约：麦克米伦出版社 1912 年版，第 143—144 页。引自布里茨：《突现进化》，第 90 页。

运用其自身的因果力到其他主体上（同一阶层的因果性 horizontal causality），也运用到组成部分上（下向因果 downward causation）。对比摩根的观点与"更弱"的本体论径路，摩根把实在层次看作是**实质上**不同的（substantially different）：

> 在材料和实质上的丰富性不断增加，这贯穿于进化发展的各个阶段；在每一层次的事件发展有着重新定向；在某些决定性的转折点，对于 21 世纪初"显然的悖论"，这种重新定向是如此明显，以至于到达转折点之前，突现的新的东西在"实质"上与事件的先前的发展不相合。所有这些似乎是在证据中所给予的。（《突现进化》第 207 页）

正如提出新物质，提出一种新的突现层次意味着，将最强可能性的本体论位置归因于整体—部分关系。布里茨将摩根理解整体—部分关系追溯回 E.G.斯波尔丁（E.G.Spaulding）。斯波尔丁已经辩称"在物理世界中（以及其他方面），已确立的经验事实就是，部分非叠加地、组织地形成整体，整体的特征与部分的特征有着质上的不同"①。值得注意的是，斯波尔丁大部分的例子都是从化学中选取的。如果突现论可以指出只是在心智层次突现整体，它们很快就跌入了神秘二元论（crypto-dualism）（或者可能是不那么神秘的二元论！）；如果它们只是在生命层次突现整体，那么它们冒着滑入活力论的风险。相反地，如果显著的整体—部分作用已经可以在物理化学中建立，则它们表明突现既不等同于活力论，也不等同于二元论。

我们该如何评价摩根的突现进化？为突现物质（emergent substances）辩护的策略与我上面所论证的一元论是冲突的，更何况也是与所有的自然主义突现理论冲突。摩根的策略甚至让人更加遗憾，因为它是没有必要的；摩根自己的关系理论（theory of relations）实际上已经做了同样的工作，而没有依赖于物质概念。摩根写道，"比起围绕关系性（relatedness）……对于我们的解释来说，可能没有什么更主要的主题"（《突现进化》第 67 页）。实际上，关系成了摩根本体论的核心："任何个别实体正是作为一种关系性整体，或者任何具体情况，是一点实在"（《突现进化》第 69 页；注意与当代量子物理学解释的紧密联系）。既然在每一突现层次上的关系是独特的，关系的

---

① E.G.斯伯丁:《新理性主义》,纽约:Henry Holt & Co.,1918,第 447 页,引自布里茨:《突现进化》,第 88 页。

复杂性是充分地个体化的：

> 可能有人说在每一个这样的家族里，不但有增加的合成物，而且有一种特殊的整体关系性，即家族中每一个成员的基本特性是一种突现表达？如果是这样，我们在这里给出什么是突现进化的说明。（《突现进化》第7页）

或者，更简洁些："如果被问道：你所说的突现是什么？主要的回答是：一些新类型的关系"，"在每一个上升阶段，凭借一些新类型关系或内在的关系集合，有一个新实体"（《突现进化》第64页）。只要每一个关系复杂性证明了新实体的独特之处和因果力，不需要为了描述新实体，而依靠于那些有问题的物质概念。

让我们称那些突现论"非常强"或者"高度强"，不仅是(a)个体关系复合物(complexes)，(b)通过一种关系本体论将实在归因于它们，(c)将因果力和行动归因于它们，而且是(d)根据其自身因素将它们作为个体物质来对待。21世纪初对于"突现二元论"（"emergent dualism"）的辩护来自威廉·汉斯克(William Hasker)，他在《突现自身》一书中(The Emergent Self)提供了一个相似的例子："所以在这里说有突现属性是不够的；需要的是一种**突现个体**(emergent individual)，新个别实体开始存在是大脑和神经系统物质组成的某种功能结构的结果。"[1]当汉斯克引用布莱恩·兰福特(Brian Leftow)对于托马斯·阿奎那(Thomas Aquinas)的改编版本时，实词实体的理论的联系变得明确："人类胎儿变得能够主导人类灵魂……这是以一种类似规律的方式发生的，以至于被看成是一种自然依随的形式。如果我们的图景遗漏了上帝，那么托马斯主义者的灵魂是一个'突现个体'。"[2]

显然，突现论涵盖了本体论承诺的广泛范围。一些人认为，突现仅仅是模式，没有自身的因果力；另外一些人认为，突现是凭借其自身的物质，几乎完全不同于它们的起源，正如源自身体的笛卡尔式的心智。在科学哲学中，突现论是有用的，将不得不接受某种形式的简约律(the law of parsimony)：如无必要，突现实体和层次不应该是多重的。从一种科学视角出发，与其通过提出像心智和精神之类的心理"东西"(things)，不如只诉诸心理属性和

---

[1]　威廉·哈斯克：《突现自我》，纽约：康奈尔大学出版社1999年版，第190页。

[2]　布莱恩·莱夫托1998年3月5日在圣母大学发表的评论，引自威廉·哈斯克：《突现自我》纽约：康奈尔大学出版社1999年版，第195—196页。

中央神经系统成分来解释心理因果性更加可取。我已经辩护,没有添加突现物质的情况下,摩根关于突现关系的鲁棒论(robust theory)本应该公平对待自然史中的突现层次,甚至也包括下向因果。如果没有华莱士和柏格森彻底的二元论,摩根本应该做得更好,即更好地去避免二元论。

▶▶ 1.7 1960 **年以来的强突现论**

在 20 世纪 30 年代中期,突现论从总体上(特别是强突现论)开始退出公众视野,并且在随后几十年都没有再出现。个别的哲学家继续宣扬突现立场,比如迈克尔·波兰尼(Michael Polanyi)。然而,大体上,关于英国突现论者的批评居多。比如说,斯蒂芬·比伯(Stephen Pepper)①在 1926 年对突现论进行了批评,他强调虽然进化产生新颖性,但这没有什么哲学上的重要性;突现既不是非决定论,也不能产生哲学的新颖性。

皮利幸在 1973 年注意到一种新的认知范式"近来爆炸性"地成为潮流。② 无论是谁对于发展有特殊立场,很明显的是,在 20 世纪 90 年代之前,突现论再次成为科学和哲学(以及媒体)的中心讨论话题。既然 21 世纪初的历史不可避免地成为他们力图描述的东西的一部分,现在我们必须继续谨慎地去诠释当代哲学。尽管如此,去考量与当代强突现论最接近的历史观点是有用的。特别是去考量对于强突现论兴趣的再突现(re-emergence)起了关键作用的两位人物:迈克尔·波兰尼和罗杰·斯佩里(Roger Sperry)。

迈克尔·波兰尼

还原论的全盛时期,正是从 20 世纪 20 年代的英国突现论到 90 年代突现论复兴的中间这段时期,波兰尼在这一时期的作品就像是在荒野中呼喊

---

① 斯蒂芬·佩珀:《突现》,载《哲学杂志》23(1926),241—245;亚瑟·帕普:《绝对突现的概念》,载《英国科学哲学杂志》1952 年第 2 期,第 302—311 页。

② 参见 Z.W.皮利幸:《心智的眼睛告诉心智的大脑什么:心理意象的批判》,载《心理学通报》80(1973),1—24,第 1 页。罗杰·斯佩里经常引用。

的孤独声音。波兰尼因隐性知识(tacitknowledge)和个性范畴的不可还原性(the irreducibility of the category of personhood)而广为人知,实际上他认为这两者与突现辩护是整体相关的。例如,在隐性知识的理论中,波兰尼意识到发现的预感激发了思想:"一直以来,众多线索指明的隐藏实在的存在感引导了我们"。[①] 因此,隐性知识至少假定了实在的两个层次:细节和它们的"综合意义"(《隐性维度》第34页)。波兰尼从其自身的物理化学领域出发,逐渐将这种"实在层次"观点延伸到很多领域,并且发展到生物科学和意识问题。[②]在波兰尼看来,物理随机性甚至可以理解为一种突现的现象(《个人知识》第390页);所有生物,或者他称之为的"生命机制",可以被分类为功能控制的系统,而这种系统对生物组成部分具有下向因果影响(例如,《知道与存在》第226—227页;《个人知识》第359页)。将这种主题的组成的过程作为一种清楚的标志,这表明人类目的意图是下向因果力,而这种因果力在解释智人(homosapiens)行为时起到核心作用。波兰尼将这些不同的观点结合起来,组成一种可包罗万象的突现哲学:

生命通过第一次突现(The first emergence)而存在,而第一次突现是进化后所有阶段的原型,生命形式源于这种原型,借助它们更高级的原则,突现到存在……在进化突现的最高层次上产生这些心智力量,突现上升阶段的景象证实了这种概括,而在心智力量中,我们已经第一次认识到我们隐性认知的能力。(《隐性维度》第49页)

当代突现论反映了波兰尼的某些观点,其足以影响以下领域的发展,我只提三点。

(1)积极的和消极的边界条件

波兰尼承认两种边界类型:边界控制的自然过程和积极运行带来效果的机器。波兰尼以两种不同的方式表明这种区别:一种方式是按照显明和隐藏的兴趣来区分,另外一种方式是按照积极和消极约束来区分。他认为,考虑到第一种区分方式,试管约束了发生于其中的化学反应;但是当我们进行观察时,"我们研究化学反应,而不研究试管"(《知道与存在》第226页)。相反,我们在观看别人下棋时,我们的兴趣"在于边界":我们感兴趣棋手的

---

① 《隐性维度》,以下简称 TD(纽约花园城:双日锚书出版社1967年版),第24页。

② 关于后者,可参见马乔里·格林编:《知道与存在:迈克尔·波兰尼文集》,伦敦:劳特利奇和基根保罗出版社1969年版。特别是第四部分:"生命与心智"。

策略,棋手为什么要移动那个棋子并要达到什么目的,并不感兴趣棋子自身移动的规律支配性质。

(2)"来源—存在"转换和"焦点"关注(The "from-at" transition and "focal attention")

在特里演讲(Terry Lectures)中,波兰尼已经留意到意义理解牵涉到从"最接近的"——即细节被展现——到"最末端"(细节的综合意义)的转移(《隐性维度》第34页)。在1968年以前,他已经将这个想法发展为"来源—存在"概念。理解意义涉及我们的注意力要从文字转到意思上去;"我们在文字的意思上看到文字"①。波兰尼从这些反思中构建了关于意识的"来源—到"结构("from-to" structure)的更加普遍的理论。心智是一种"来源—到 经验";神经生物学的身体机制(bodily mechanisms)仅仅是这种经验的"附属事物"(the subsidiaries)(《知道与存在》第238页)。或者,更有说服力的是"心智是某种身体化机械的意义;当我们聚焦在身体机制时,心智就从视野中丢失了"②。

顺便要提到可与波兰尼心智概念相媲美的量子物理学家亨利·斯塔普(Henry Stapp)的观点。在波兰尼看来,心智概念是作为意识理论中的聚焦点。而亨利·斯塔普特别在《心智、物质和量子力学》一书中表达了相类似的观点,这也是为什么他常被归为强突现论者的原因③。两位思想家都相信我们可以将心智理解为"运用辨别力"的功能(《个人知识》第403页)。如果波兰尼和斯塔普是对的,他们的观点对于意识的下向因果关系来说是好消息,因为这意味着不需要通过心理活动增加能量到一个系统中,因此维持能量守恒的规律对于所有物理计算来说都是基本的。

---

① 《知道与存在:迈克尔·波兰尼文集》,第235—236页。

② 参见《知道与存在:迈克尔·波兰尼文集》,第214页。波兰尼后来写道:"我们失去了子公司指向焦点的作用的意义。"(《知道与存在:迈克尔·波兰尼文集》第219页)更多关于波兰尼的意义理论,请参见波兰尼、哈里·普罗什:《意义》,芝加哥:芝加哥大学出版社1975年版。

③ 亨利·P.斯塔普:《心智、物质和量子力学》,柏林和纽约:斯普林格出版社1993年版。斯塔普关于这个主题的一篇专题文章即将发表在《行为与脑科学》(2004)上。斯塔普使用了冯·纽曼对量子力学中观察者角色的解释,这代表了一种非常有趣的二元论形式,因为它引入意识不是出于形而上学的原因,而是出于物理的原因。然而,正是由于这个原因,它与经典的突现理论相去甚远,在这种理论中,自然史作为生物科学的叙述(和来源)起着核心作用。

（3）结构论和信息论

像许多突现论者一样，波兰尼承认结构是一种突现现象。但他在结构论中也为下向因果关系保留了位置，辩称道"像机器那样，有机体的功能和结构是被构建原则和操控原则所决定的，而这些原则控制了物理学和化学所开辟并留下的边界条件"（《知道与存在》第 219 页）。结构并不仅仅是复杂性的物质问题。一种晶体结构代表了一种没有巨大信息内容的复杂秩序；晶体有最大的稳定性，这与其最小势能（potential energy）是对应的。我们将晶体与 DNA 进行对比。既然核苷酸序列不是由潜在的化学结构所决定，那么一个 DNA 分子的结构代表了化学不可能性（chemical improbability）的高级层次。然而，晶体没有像遗传密码产生功能，DNA 分子却可以这样做，因为 DNA 分子在与信息的隐性可能性（background probabilites）相关的内容上是丰富的。

波兰尼的结构处理代表了当代信息生物学一种有趣的尝试①。例如，特伦斯·迪肯（Terrence Deacon）认为"关键是意识到生物学不仅仅是物理科学，而是一种符号科学：意义和表征（representation）是根本性的元素……【进化生物学】位于物理学与符号科学之间的边界之上"②。在波兰尼的研究中，可能有其他元素可以贡献于信息生物学的发展，但仍然处于初级阶段。

同时，波兰尼促进了突现论的发展，但在一些方面走得太远。我主要强调以下两个领域：

（1）波兰尼在形态学（morphogenesis）上是错误的

汉斯·杜里舒（Hans Driesch）的作品吸引了波兰尼，杜里舒似乎支持了有机体力量和原因的存在。（《隐性维度》第 42—43 页，《个人知识》第 390 页，《知道与存在》第 232 页）波兰尼追随了杜里舒，认为形态遗传领域将进化细胞或者有机体拉向其自身。他还准备争辩说，肌肉的协调以及受伤后中枢神经系统的恢复，"就任何固定的解剖学机制而言，都是无法形成的……"（《个人知识》第 398 页）虽然承认形态发生场的科学还没有建立起

---

① 休伯特·约克：《信息论与分子生物学》，剑桥：剑桥大学出版社 1992 年版。关于这个主题的更全面的处理，请参见第 3 章。

② 特伦斯·迪肯：《进化与精神的出现》，SSQ 工作室，加州伯克利，2001—2002，未公开发表论文，第 6 页。

来,但他把自己的马拴在它的未来成功上:"一旦……出现被完全建立起来,很明显,它代表了一种新的生命方式的成就,由一个基于系统发育成就梯度的场在生殖质中诱导出来。"(《个人知识》第402页)波兰尼甚至引用了21世纪初备受关注的干细胞研究:保罗·韦斯(Paul Weiss)的早期工作,表明胚胎细胞"在被分离出的器官的片段中聚集在一起时会生长"。(《知道与存在》第232页)但我们现在知道,没有必要假设胚胎的生长"是由潜在形状的梯度控制的",我们也不需要假设一个"场"来指导这种发展。(《知道与存在》第232页)干细胞研究表明,细胞核含有细胞发展所需的核心信息。

(2)波兰尼同情亚里士多德,而活力论与当代生物学的核心假设冲突

亚里士多德以隐德莱希学说闻名于世,认为一个有机体的未来状态(在橡子的情况中是指橡树)将发展中的有机体拉向其自身。在关于生命体功能的一节中,波兰尼谈到了"不相关的事物的潜在一致性的暗示"的因果作用,认为"它们的解决方案建立了一个新的综合实体,无论是一首新诗,一种新的机器,还是一种新的自然知识。"(《隐性维度》第44页)不存在的(或至少是尚未存在的)物体的因果力使得哲学可疑,也使得科学更加糟糕。从生物学的角度来看,更糟糕的是波兰尼倡导柏格森的生命力,(《隐性维度》第46页)这使得波兰尼宣布与泰尔哈德·夏尔丹(Teilhard de Chardin)的立场相近。

波兰尼接受了杜里舒的活力论学说,实际上就意味着与新达尔文主义者的全面决裂,而当代生物学所有实际的经验工作都建立于这种新达尔文主义式的综合。在结构特征和机械力量之外,波兰尼想增加一个"力量场",它将是"潜在性的梯度:一个由可能成就的接近而产生的梯度"。(《个人知识》第398页)他想要的东西类似于"一个中心的能动作用根据它自己的标准寻求满足"。(同上)我们在生物学中发现真实世界生物体行为是由足够复杂的食欲和行为倾向引起的。食欲的运作不能用道金斯式的"自私基因"来完全解释,因为它们的发展和表达往往是与环境相互作用的结果。然而,基因的组合可以为食欲编码,环境可以选择它们或反对它们,而不需要将神秘的力量引入生物学中。

最终,波兰尼走得太远,选择了生物学中的"目的因"(finalistic causes)。目的因是指进化过程"在新颖的有机体中表明其自身",但完全不同于争辩"种质(germ plasm)的成熟是被潜力所引导(guided)的,而这种潜

力通过可能发芽成长为新个体而向种质开放"。(《个人知识》第 400 页)目的因也是指进化过程已经引起了个体可以进行理性的和可靠的选择;但是它与所有经验生物学(empirical biology)决裂了,这些生物学认为"我们应该将这种积极成分纳入考虑,同样也要放到最低层次"。(《个人知识》第 402—403 页)目的因这种倾向会使生物学全部成为一种内在活力驱动的显示;而这种观点与经验生物学实践是不一致的。

唐纳德·麦凯(Donald MacKay)

我主要提及唐纳德·麦凯关于突现的早期重要著作。麦凯是人工智能的先驱之一,也是英国一位有影响力的有神论者,主张科学与信仰的互补性在 20 世纪中期的英国很有影响力。[①] 麦凯认识到,要想对人类行为进行综合说明,就必须使用多层次的解释。"如果我们要公正地对待人类本质的丰富性,我们需要一个完整的层次和类别的解释。"[②]我们的目标不是把心理术语翻译成电化学术语,而是要追踪这两个层次的描述之间的对应关系。"这两个层次的描述之间的对应关系。它们既不完全相同也不独立的,而是互补的"。(《科学与意义的探索》第 30 页)

麦凯当然不是一个二元论者:他预言,在神经生理学的解释中不会出现空白,并坚持认为不要尝试法国哲学家笛卡尔的建议。在大脑中寻找由灵魂施加的非物理力量的迹象;但在大脑中寻找(如果我们可以的话),则是有意义的。物理事件的模式与意识活动的模式相关。其模式与有意识的活动

---

① 参见唐纳德·麦凯:《科学与意义的探索》,密歇根州大急流城:艾德曼斯出版社 1982 年版。1986 年他的吉福德讲座由他的妻子瓦莱丽·麦凯编辑,并在他去世后出版,名为《眼睛背后》(牛津:巴兹尔·布莱克威尔出版社 1991 年版)。麦凯在《科学、机会和天意》(牛津:牛津大学出版社 1978 年版)和《发条图像》(伦敦:校际出版社 1974 年版)中为互补论进行了辩护。在这一时期,同样有影响力的科学与信仰相辅相成的支持者是C.A.库尔森,他是罗杰·彭罗斯(Roger Penrose)的前任,牛津大学的劳斯·鲍尔数学教授;参见《科学时代的基督教》(伦敦:牛津大学出版社 1953 年版);《科学与上帝的观念》(剑桥:剑桥大学出版社 1958 年版);《科学、技术和基督徒》(纽约:阿宾顿出版社 1960 年版)。但正如我们将看到的,麦凯超越了库尔森对互补性的坚持,他预测了一种心智的突现理论的核心特征。

② 《人类科学与人类尊严》唐纳斯格罗夫,伊利诺伊州:Inter Varsity 出版社 1979 年版,第 28 页。

相关,如检查自己的动机,或编造自己的想法。(《科学与意义的探索》第32—33页)然而,他确实倾向于在人的外部观点和内部观点之间做出鲜明的区分。① 最后,麦凯的工作最好被归类为强突现的一个版本,因为他把解释层次的理论与对意识的因果影响的坚持结合起来。麦凯深信人类和计算机之间的不相似性,他辩护道"大脑的物理活动与个人的意识经验之间存在着亲密的双向关系"②。

罗杰·斯佩里(Roger Sperry)

20世纪60年代,突现论不只是不受欢迎,甚至是受诅咒的。在这样一个时期,罗杰·斯佩里开始捍卫心理属性的突现论观点。作为一名神经科学家,斯佩里不会满意任何忽略或者轻描淡写神经过程的解释。同时,他认识到意识不只是一种大脑的副现象(epiphenomenon of the brain);意识思想和决定反而是在大脑功能中做了些事情(do something)。斯佩里既不愿意接受二元论、心智分离论的说法,也不愿意接受任何完全摒弃心智的说法。早在1964年,根据他自己的说法,他已经制定了他的观点的核心原则。③ 到1969年,"突现"已经成为他的立场的核心概念。

主观的精神现象被认为是影响和支配神经冲动流量的,因为它们包含着突现属性。大脑活动模式中的单个神经冲动和其他兴奋成分只是被普遍存在的整体动力带着或分流到这个方向。(原则上,就像水滴被水流中的局部涡流带着走一样。或者就像车轮的分子和原子被带着走一样,当它滚下山时,不管个别分子和原子是否愿意,都会被带着走。)显然,这也是反过来的。也就是,大脑模式的意识属性直接依赖于组成神经元素的作用。因此,在维持的物理化学过程和包裹的意识之间的相互依存关系是被认可的。换句话说,神经生理学控制着精神效应,而精神特性又反过来控制着神经生理学。④

① 麦凯:《眼睛后面》,第1—10页。
② 麦凯:《人类科学》,第32页。
③ 罗杰·斯佩里:《心智—大脑互动:选择心智论,而不是二元论》,载《神经科学》5(1980),195—206,第196页。
④ 罗杰·斯佩里:《一个修正的意识概念》,载《心理学评论》76(1969),532—536。

斯佩里有时被解释为只认为心理语言是对整个大脑活动的重新描述。但这种解释是错误的；他明确地断言，心理属性具有因果力量："在我们21世纪初的观点中，有意识的主观属性被解释为在调节大脑事件的过程中具有因果效力；也就是说，心理力量或属性在大脑生理学中发挥着调节控制的影响。"①

最初选择"互动主义"（interactionism）这个词是由于斯佩里对分裂大脑病人的研究。因为这些病人的胼胝体被切断了，所以无法从神经生理学的角度来解释他们仍然表现出的统一的意识。因此，他推断，在意识的突现层面上必须有相互作用，意识状态也许与其他因果因素一起，对随后的大脑状态产生直接的因果影响。斯佩里将这一立场称为"突现的互动主义"（emergent interactionism）。他也承认，"互动"一词并不完全是合适的术语。

心理现象被描述为主要是对生理过程的监督而不是干预…… 心智被认为可以移动大脑中的物质，并支配、统治和指导神经和化学事件，而不与成分相互作用，就像一个有机体可以移动和管理其原子和组织的时间空间过程而不与它们相互作用一样。②

斯佩里避免使用"互动"一词是正确的，如果这个词被理解为意味着一个因果故事，其中较高层次的影响被解释为具体的（有效的）因果活动，推动和拉动系统中较低层次的成分。正如金在权（Jaegwon Kim）所表明的那样，如果我们以这种方式来设想下向因果关系，那么用组成部分本身的有效因果历史来讲述整个故事就会更简单。

斯佩里在哲学上并不成熟，而且他从未以系统的方式发展他的观点。但他确实有效地记录了支持某种形式的下向或有意识的因果关系的神经科学证据，而且他暗示了必须给出的那种哲学解释：一种被理解为整体—部分影响的下向因果关系理论。因此，Emmeche、Køppe 和 Stjernfelt 利用部分和整体的概念发展了斯佩里的立场。根据他们的解释，较高层次（比如说意

---

① 斯佩里：《心理现象作为大脑功能的因果决定因素》，载G.G.格罗布斯、G.麦克斯威、I.萨沃德尼克编：《意识与大脑》，纽约：纵贯线出版社1976年版，第165页。另见斯佩里：《意识和因果关系》，载R.L.格雷戈里编：《心智的牛津伴侣》，牛津：牛津大学出版社1987年版，第166页。

② 参见斯佩里：《意识和因果关系》。

识)制约着较低层次过程的结果。然而,它是以一种符合因果影响的方式这样做的。

各个层次的实体可能进入部分—整体的关系(例如,精神现象控制其组成的神经和生物物理子元素),其中,整体对部分的控制可以被看作是一种功能性(目的论)的因果关系,即在一个多嵌套的约束系统中,基于有效的物质和形式因果关系。①

我建议结合斯佩里的神经科学资料路径和意识现象学,或者 *qualia*——一种部分—整体关系本体论和构建于其上的下向因果理论的结合—代表了发展一种当代强突现适当的理论的最有希望策略。

▶▶ 1.8 *弱突现论:塞缪尔·亚历山大*

现在我们转向观点相反的一派,即弱突现论。在 20 世纪的哲学家中,弱突现论很可能得到了更为广泛的赞用。弱突现论承认进化产生新的结构和组织模式。我们可能碰巧说到这些结构是其自身的东西,它们可能是不可还原的成分,甚至似乎作为因果行动者(causal agents)在起作用。然而,真实的或者是最终的因果工作是在更低的一个层次上完成的(很可能是在物理层次)。在这些突现模式中,我们不能识别出相同基础过程的新表达方式,这主要由于我们的无知,而不应该把其作为本体论导向。关于上述观点的第一个主要支持者塞缪尔·亚历山大,同时也是该观点的经典表述者。

亚历山大在《空间、时间和神》一书中,展示了对于心身问题的弱突现论回答,然后扩展了他的理论,形成一种系统的形而上学立场。亚历山大的目标是发展一种哲学概念,而进化和历史在这种概念中有真正的位置。他预设两种情况是给定的:一是在宇宙中真的存在身体,二是真的存在心理属性或者心理经验。问题是去联系它们。亚历山大坚决反对古典二元论和任何将精神极放在首位的唯心主义观点(例如莱布尼兹和英国理想主义者布拉德利);然而,像其他突现论者一样,亚历山大拒绝接受物理主义观点,即试

---

① 克劳斯·艾梅切、西蒙·科佩、弗雷德里克·斯特恩德里克:《层次、突现和下向因果关系的三个版本》,见彼得·博格·安德森等:《下向因果关系》,第 25 页。

图将心智现象还原为其物理根源。他的结论是,心智必须在某种意义上从物理现象中突现出来。

亚历山大主要受到了斯宾诺莎(Spinoza)著作的启发。斯宾诺莎认为,在实在的任何给定的层次,只有一种(类型)活动存在。因此在心身例子中,不会既有心理原因,又有物理原因,只能有一种因果系统,而这种因果系统只带有一种活动类型。亚历山大以类似的方式争辩说:"我们的心智似乎在遵循外部因果序列时享受自己的因果性,而且在它影响我们思考的过程中,我们在对象中考虑因果序列,这乍一看似乎是矛盾的。"①因此,尽管心智可以"考虑"和"享受",但不能说它们是原因。

回顾一下,强突现和弱突现之间的连续体取决于主体或精神极的作用有多强。作为弱心理突现论的主要捍卫者之一,亚历山大的观点强烈地推向了物理极(physical pole)。自然界中真正的因果关系似乎来自外部世界的事件。有些因果链条是实际存在的;有些只是想象出来的:"柏拉图在我的梦中告诉我他的信息,就像他在现实中一样"。(《空间、时间和神性》第154页)例如,假设你想到了德累斯顿这个城市,想到了拉斐尔在那里的一幅画。使我感到自己的因果关系时,德累斯顿并没有被视为拉斐尔的原因,但德累斯顿和拉斐尔被视为在当时[即当时成为]我对事物的看法的情况下被某种因果关系所联系起来。(《空间、时间和神性》第154页)

亚历山大将这一核心因果论从感觉扩展到了普遍的心智理论(a universal theory of mind)。我们的运动传感器感知世界上物体的运动;我们意识到我们的四肢在移动。我们的眼睛检测到世界上对我们来说是外部的运动。因此,"在饥饿或口渴的感觉中,我的对象是活的过程或耗损的运动,就像我在我之外以纯粹的生理形式观察到的植物叶子的干枯和口渴状况一样"。认为"饥饿的不愉快是……心理的"或把饥饿"当作一种心理状态"(《空间、时间和神性》第171页)是个错误。在这里,亚历山大的立场最接近当代心智哲学中的"非还原物理主义"(non-reductive physicalist)观点:"那么,难怪我们会认为这种状况是一种精神上的东西,它就像呈现给观察它的心智一样;而且,我们会继续将同样的概念应用于颜色、味道和声音,并将这

---

① 塞缪尔·亚历山大:《空间,时间和神性》,见《吉福德讲座1916—1918》2卷,伦敦:麦克米伦出版社1920年版,ii.152。对这项工作的后续引用出现在文本中,前面是卷号。

些视为精神上的特征(同上)"。

为了将这一立场概括为一个全球性的形而上学立场,亚历山大在更广泛的意义上使用"心智",而不是仅仅理解为意识。事实上,有时"心智"和"身体"有可能成为纯粹的形式概念:任何事物的"身体"方面代表着它可以被分析成的组成因素,而"心智"方面总是代表着一组身体在作为一个整体运作时表现出来的新特质。这一概括将亚历山大对心身问题的回答扩展到所有的自然界,从而产生了一种层次分明的突现的形而上学。以下是亚历山大对层次的定义。

在空间—时间这个包罗万象的东西中,宇宙表现出一种在时间中出现了连续的有限存在的层次,每一个层次都有其特有的经验特质。经验性特质的特点。我们所知道的这些经验特质中最高的是心智或意识。神性是我们所知道的下一个更高经验特质。(《空间、时间和神性》第 345 页)

结果是一个普遍比例的突现阶梯。我将花时间在一些细节上重构这个阶梯的台阶,当按照突现层次的等级发展时,第一感觉看上去就很清晰,这些层次呈现出了一种类似于自然历史理论的感觉。[1]

(1)这个阶梯的基底是时间—空间。时间是"心智",而空间是"身体",因此时间是"空间的心智"。空间—时间是由"点—瞬时"组成。关于亚历山大的早期评论家们发现这个理论很难被接受。这并没有随着时间的推移而改善。

(2)如果会有一种突现的进行过程,必须存在一个发展的原则,有些东西推动整个过程。因此,亚历山大认为:"在空间—时间中存在着一个nisus,因为它通过物质和生命,产生创造物通向心智,所以将把它们带向更高的层次的存在。"(《空间、时间和神性》第 346 页)这个"nisus"或创造性的形而上学原则与怀特海思想中的"创造性"原则有很大的相似之处。

(3)由于这种努力(nisus),空间—时间通过"运动"变得有所区别。某些有组织的运动模式(今天我们会称其为能量)是承载者,我们称之为"物质"。因此,与亚里士多德相反,物质本身是突现的。(量子场理论为这一概念提供了一些支持:例如,Bernard d'Espagnat 在《被掩盖的现实》中描述了

---

① 再看看多萝西·埃米特对《空间、时间和神性》的精彩介绍,克莱顿借鉴了相关内容。

亚原子粒子是量子场的产物，因此是它的衍生物①）。

（4）物质的组织是大量物理特质和化学属性的承载者。这在分子层次上组成突现。

（5）当物质达到某种层次的复杂性，分子变成了生命的承载者。（这种反应与当代关于生命起源的工作是一致的，它假定了从复杂分子到活细胞的逐步过渡）。

（6）亚历山大本应该适当地包括知觉的进化，但他没有这样做。因此，他可以把简单的意志（例如选择在哪里移动）、共生（生物体的互惠系统）、社会性和原始的大脑处理的进化，作为身体及其出现的整体属性的同一框架的延伸，他称之为"心智"。当然，亚历山大的层次作为自然历史的概念性重构，就必须仔细关注实际进化发展的阶段。

（7）一些活的结构然后成了心智特质或者意识（consciousness proper?）的承载者，"我们所知的最高的经验特性（the highest empirical quality known to us）"。这是我在之前已经谈到的心智突现的概念。

然后，一些生命结构就成为心智或意识本身的承载者，即我们所知的最高经验性特质。这就是我在上面已经提到的心智的突现的概念。

（8）然而，亚历山大没有停留在心智。他认为，在心智发展的某一层次，心智可能是一种新突现特性（emergent quality）的产物，他把这种新突现特性叫作"神"。在这里，他证明了一种相当实质性的（近乎完全的）不可知论。我们只知道神性是下一个突现的属性，它是一个由部分或"身体"组成的整体属性，并且它是由增加的复杂程度产生的。为了与层次的生产性原则保持一致，亚历山大不得不假设，神性对于心智的整体来说，就像我们的心智对于我们身体的（部分）一样。由此可见，神性的"身体"必须由宇宙中的心智的总和组成。

神的心智的一部分将具有心智的复杂性和精致性，以适合承载神性的新特质……就像我们的心智代表并聚集在自己的整个身体中一样，有限的神也代表或聚集在其神圣的部分，其整个身体［即心智］……对这样的存在来说，其特殊的分化的心智在我们这里取代了大脑或中枢神经系统的位置。

---

① 参见伯纳德·德斯帕尼亚特：《隐藏的现实：当今量子力学概念的分析》（Reading, Mass：Addison-Wesley，1995）。

（《空间、时间和神性》第 355 页）

亚历山大还将某些道德属性赋予了神性。然而，除了这些最低限度的描述之外，人们对它的性质不能再多说什么。

我们可以推测地确信，宇宙中蕴含着这样一种特质。这种特质是什么，我们无法知道；因为我们既不能享受，更不能思考它。我们的人类祭坛仍然是为未知的上帝而设的。如果我们能知道神性是什么，成为神性的感觉如何，我们首先应该成为神。我们对它的了解不过是它与其他经验性特质的关系，这些特质在时间上先于它。它的本质我们是无法渗透的。（《空间、时间和神性》第 247 页）

我比较详细地介绍了亚历山大的神性理论，有几个原因。首先，它表明人们在物理主义—突现—二元论辩论中所采取的立场，将对一个人可以或不可以始终如一地持有哪些关于神圣主体的性质（如果存在的话）产生重大影响。此外，人们很可能认为，只有强突现论者才能引入神性的语言。然而，在这里我们有一个神学语言被引入的案例，作为弱突现层次的内在组成部分而被引入。尽管也许不是一个单独存在的上帝，亚历山大也不是唯一一个试图将神性这一谓词纳入物理主义的形而上学的理论家；迈克尔·阿比布（Michael Arbib）和卡尔·吉列特（Carl Gillett）21 世纪初的提议也有类似的方向。[1] 尽管如此，亚历山大如果要保持作为一个弱突现论者，就必须始终拒绝谈论一个精神存在（上帝）的实际存在；无论亚历山大引入什么精神特质，他所介绍的任何精神特质都必须以一个自然宇宙为前提。

实现的上帝并不拥有神性的特质，而是作为宇宙的趋向于这种特质……因此，不存在具有神性特质的实际的无限的存在。但有一个实际的无限，即整个宇宙，有一个走向神性的宇宙，有一个朝向神性的"nisus"；这就是宗教意识中的上帝。尽管这种意识习惯性地预测其对象的神性，因为它实际上是以个体形式实现的……具有神性的实际现实是充满所有时空的

---

① 神经科学家迈克尔·阿比布（Michael Arbib）的吉福德讲座，在亚历山大的吉福德讲座近 70 年后，也做出了类似的举动。根据阿比布的说法，图式可以向上延伸，包括神的语言，但不需要对神的形而上学存在作出承诺。参见阿比布和玛丽·B.赫斯：《现实的建构》，剑桥：剑桥大学出版社 1986 年版。关于结合了物理主义与神学语言的变体的明确的突现主义立场，见卡尔·吉列特：《物理主义和潘恩特主义：好消息和坏消息》，载《信仰与哲学》20/1（2003 年 1 月），1—21。

经验性世界,并趋向于更高的特质。神性是一种"nisus",而不是一种完满状态。(《空间、时间和神性》第 361—362、364 页)

亚历山大的观点仍然是弱突现论的经典表达。没有假设新的实体,但现实的突现性要求要求我们提供适合每个新层次的解释:"一个新的特质从任何层次的存在中出现,意味着在那个层次上有一个新的特质。属于该层次的运动的某种组合或搭配。并拥有适合它的特质,而这种组合具有一种新的特质,是更高层次的复合体所特有的。"①事物的属性随着人们在突现的阶梯上的移动而变得更加精神或灵性,但成分和原因却没有,就像斯宾诺莎著名的观点(在《伦理学》第 2 册中:身体形成整体,而整体又形成了一个更大的整体)。亚历山大在任何地方都没有引入独立的心理或精神实体。即使更高层次也没有突现的原因,如果它们足够复杂,可能会表现出似乎是高阶原因的结果的属性。在其高度复杂的形式中,宇宙可能变得相当神秘,甚至是神圣的;但神秘的外观只是人们对一个"在所有方向上都是无限的"宇宙的期望②。

虽然亚历山大的观点是一种大胆而令人着迷的尝试,可能是 20 世纪最有影响力的突现哲学,但是亚历山大的立场却没能回答自身带来的许多问题。如果时间是"空间的心智",那么时间本身必须是有方向性或目的性的。但这种目的论与现代物理学和生物学的精神相当不同。亚历山大的 nisus 概念也没有缓解这种模糊性。Nisus 代表时空中的创造性趋势:"在空间—时间中存在着一个 nisus,因为它通过物质和生命,产生创造物通向心智,所以将把它们带向更高的层次的存在。"(《空间、时间和神性》第 346 页)然而,创造性的进步并不属于物理学的范畴。如果时间是"向新奇事物的推进",那么就有一个"指向时间的箭头"。但在一个纯粹的物理学概念中,这个箭头的来源是什么? 如果亚历山大认为时间是由一个(潜在的)无限的整体组成的,没有目的或方向性,分为点—瞬时,这不是更符合亚历山

---

① 亚历山大:《空间、时间与神》第 2 卷,第 45 页。他还写道:"[突现的]品质和它所属的星座,在它们突现的水平的适当过程方面,是新的,[然而]是可表达的,没有残留。"另见奥康纳等:《突现属性》,见《斯坦福哲学百科全书》(2002 年冬季版),爱德华·N.扎尔塔主编〈http://plato.stanford.edu/ archives/win2002/entries/ Properties - E-mergent/〉,2002 年 10 月验证。

② 参见弗里曼·戴森:《全方向的无限》,见《吉福德 1985 年讲座》,纽约:Harper & Row 出版社 1988 年版。

大所倾向的物理主义吗?

考虑到心身问题的争论,人们想要知道意识是什么,如果有任何因果力,什么样的因果力与意识相关,什么样的因果力仅仅与意识相关。在这里,亚历山大无助于这些问题。当然,神经科学在 20 世纪 20 年代几乎不存在。亚历山大所说的关于心智和大脑的内容在今天几乎没有帮助。"意识位于神经元之间的突触点。"(《空间、时间和神性》第 129 页)但是,如果亚历山大在心与脑的关系上没有提供任何实质性的东西,那么当代哲学家如何在他的工作上有所建树? 乍一看,似乎他的立场在剔除了不可辩驳的因素之后,只剩下一个纯粹的形式规范:对于任何给定的层次 L,"心智"是由构成 L 的部分或"身体"形成的任何整体。但这种纯粹的形式理论不会对我们在生物学哲学和心智哲学中遇到的棘手的、特定领域的问题提供多少启示(第三章和第四章)。

强突现论者将进一步提出保留意见,我认为这预示着弱突现论者的方法最终会被解开。亚历山大并没有充分地将突现层次的新颖性概念化,尽管他的言辞反复强调了新颖性的重要性。如果生命和心智是真正的突现,那么生命体和心智现象必须发挥某种因果作用;它们必须行使自己的因果力量。事实上,亚历山大坚持认为,心理反应不是分开为部分,而是一个整体。(《空间、时间和神性》第 129 页)然而,到最后,亚历山大将他的注意力转向了可用于以下方面的概念资源,清楚地说明进化论所产生的实体和原因在何种意义上可以最终被理解为整体,而不仅仅是作为其组成部分的集合体。

我建议强突现论者,将要增加一条预示了弱突现论者路径的最终阐明的更深的保留情况:即使亚历山大的修辞反复强调新颖性的重要性,但他仍没有适当地概念化突现层次的新颖性。

▶▶ 1.9 *弱突现论的挑战*

在随后的章节中我将为强突现论辩护,因为强突现论代表了一种对自然历史的更好的整体诠释。在讨论之初,很重要的是我们注意到 20 世纪的许多科学家和哲学家实际上站在与亚历山大更相似的立场。例如,弱突现论的优势体现在 20 世纪 80 到 90 年代依随性争论的流行和繁盛之中(详见第四章)。依随性概念(the concept of supervenience)追求既保持心理现象对于大脑状态的依赖,又强调心理的不可还原性,可以在原则上位于强突现论和弱突现论之间的中立位置。然而,大多数关于依随性的标准解释也接受世界和类似规律的因果闭合(causal closure),甚至接受必要的依随层次和依随基层次(supervenient and subvenient levels)的蕴含关系(entailment relationship)。当用这种方式进行诠释时,依随理论与塞缪尔·亚历山大等弱突现论者的目标会接近许多[①]。相类似的是,科学家们被训练所采用的语言使他倾向于弱突现论立场(虽然我将论证没有科学方法会内在地要求这种结论)。比如说,神经科学家们可能常用常识术语谈论意识状态,似乎他们看到这些意识正在产生因果作用。然而,他们常常会加上对意识的一种神经科学的解释(仅仅根据神经生理学原因和限制去解释意识现象)。

我们广泛假设那些心身问题的答案将受到偏爱,那些答案保存了世界的因果闭合,也保持心理现象以类似规律的方式与中央神经系统状态发生联系。只有给出这些假设,我们被告知有可能发展一种意识的自然科学。而且,人们不是更应该在某些领域的科学进步的可能性上下注,而不是武断地事先排除这种可能性?毫不奇怪,如果一个人是一个物理主义者,就像今天大多数英美哲学家根据他们自己的证词所认为的那样,那么他就会倾向于仅仅在自下而上的因果关系方面下注——毕竟,这就是"物理主义"这个词的意思。但是,正如我们将看到的,物理主义的自下而上、科学统一的赌注已经被允许扩散到其边界之外,因此它已经被认定为任何可能被视为科学或自然主义的研究。在反驳这一观点时,我将表明,对自然现象的研究的更深层次的承诺,因为它们本身的表现,实际上可能要求人们质疑,也许是搁置对物理主义的形而上学的这种预先承诺。

尽管如此,我认为预先承认弱突现论是一个重要的立场。许多人从与弱突现相冲突的直觉开始;毕竟,人们会发现对精神因果关系的否定是非常

[①] 关于在非还原物理主义的伪装下对依随性的标准批评,参见金在权:《依随性与心智:哲学散文选集》,剑桥:剑桥大学出版社 1993 年版;《物理世界中的心智:关于身心问题和心理因果关系的随笔》,剑桥:麻省理工学院出版社 1998 年版;金在权编:《依随性》,奥尔德肖特:Ashgate2002 年版。

反直觉的。但是当我们从神经科学或当代英美哲学的角度参与对话时,我们就进入了一个物理主义方法占上风的竞争场地。由于更接近于物理主义的形而上学,弱突现最初似乎是突现论最容易上口的形式。我的叙述的一个主要部分是试图说明为什么这种最初的印象经不起仔细的检验。

▶▶ **结论**

从开篇就可看到这场争论的利害关系。在过去几百年之后,思想家们已经被迫与进化的惊人事实来缠斗,进而寻找对于世界、人类和这些事实的最恰当的解释。关于进化的哲学解释的争论已被两个主要竞争者主导:物理主义和突现论[考虑到心智问题,二元论不卷入相关争论,它们的主要作用已经不是解释新达尔文合成论(neo-Darwinian synthesis),而是变成批评作用]。这两派都是关于终极因的理论,因此也是对自然世界的终极解释。物理主义者们宣称终极的微观物理原因操控了物理粒子和物理能量。没有物理学原则,生物学现象也将无法得到完全解释。相反,突现论者宣称生物进化(biological evolution)代表了一种显著不同于物理学的解释范式。当然,仍然要与物理规律保持一致。这种新的进化范式到底是什么,它如何不同于物理学范式,在随后的章节中我们将详细探讨。

第 2 章

突现的定义

▶▶ 2.1 引 言

现在我们已经将论战的战线描述清楚了。在处理关于科学的本体论问题(也即科学支持哪种世界观的问题)上,至少有三种选择:物理主义、突现论和二元论。现在我们的目标是要弄清楚提倡突现论这个选项意味着什么,以及为什么要选择突现论而不是其他两种。

然而,现在已经清楚了,关于突现并没有大家一致的术语。对自然界做的种种解释中,包含着我们已经能够识别的两大类别,通常被称为强突现和弱突现。我认为,那些累积起来的论据,是支持强突现的。也就是说,现在已经查明的整个突现现象的系列——从物理中的突现现象,经过对有机体的生存竞争和繁育兴旺的研究,到关于大脑和心智的现象——正是强突现这种观点,能够很好地说明所有范围的现象。但是这场争论竞争激烈,正如我们将看到的那样,一些考虑将把人拉向弱突现诠释,尽管这两种进路间的冲突常常得不到承认,它还是成为当代许多讨论的基础;随着争论在本章的展开,这些争论将无可避免地为自己设置各种范围。

▶▶ 2.2 定义的困难

人们常常寻求一个简单的突现定义。由于日常语言中突现不被当作一个专门术语来使用,这个任务被证明不是那么简单。《牛津通用词典》为"emerge/emergence/emergent"开列出十三个定义,其中的一个:"它由多种原因联合产生,但不能被认为是其组成个体的单独作用的总和",最接近这个术语在突现理论中的技术含义。《韦伯大词典》第三版在它第十五个定义的末尾强调了新颖性的要素:在一个进化过程中,显现为或者包含了某种新颖的出现。如果被迫用一个句子来定义,我会说,突现是一种关于"宇宙进化常常包含不可预测、不可还原和新颖出现"的理论。

但是,这些定义或者以肤浅作代价联合了多种理论的特征,或者毫无论据地提出一个特别的观点并对其他观点不做评论,所以这些简单定义并不令人感到满意。如果不首先停下来澄清突现的概念,就无法进入到相关科学的检验。但是我要提请读者注意:不存在中立的定义;每次对概念做澄清,实际上都是请求读者以某种特别方式看待这个主题。接下来的阐述也不例外—尽管我会把对突现的定义,阐述得比这个领域中其他相反进路的阐述更有用更精确。

21世纪初一个重要的分析报告的作者们识别了突现的六个关键方面:协同作用(物体之间或系统之间联合或者合作的效果)、新颖性、不可还原性、不可预测性、相干性和历史性。[①] 更一般地说,突现性质从次级系统中产生出来但是不能被还原到那个次级系统。突现**大于但不是完全不同于其部分之和**。

通常理解一个立场最好的方法就是理解它的对立面是什么。一般说来,突现论者的立场是规定自己对抗两个竞争者:物理主义者立场和二元论者立场。物理主义者的立场宣称解释必须依据特定物理系统的组成部分来给出;二元论者的立场宣称其他种类的事物具有因果作用。如灵魂或心智,它们的本质从不会从基础物理属性中推断出来。因此,蒂姆·克莱恩(Tim Crane)把一个突现论者立场所需的两个要求描述为"依赖性"和"区别性":"心理属性是物理客体的属性","但是心理属性区别于物理属性"[②]。似乎很难否认某些种类的依赖关系的存在:破坏掉细胞里的足够多的分子,就再不会有这个细胞;杀死器官里足够多的细胞,这个器官就停止发挥功能;看

---

① 弗拉基米尔·阿奇诺夫、克里斯蒂安·福克斯编:《因果关系,突现,自组织》,载国际工作小组的出版物《复杂性中的人类策略:进化系统理论的哲学基础》(莫斯科:NIA-Priroda 2003),第5—6页。

② 参见蒂姆·克兰:《突现的意义》,见卡尔·吉列特和巴里·洛厄编:《物理主义及其不满》,剑桥:剑桥大学出版社2001年版,第208页。

看和你讨论的伙伴,他饮入足够多的酒,所说的语句就会变得前言不对后语。

突现意味着世界展示了一种具有新颖性和不可还原性的周期性模式。由于提倡这种双重主张,突现理论家们在两个悬崖间的狭缝小路上行走。如果高层次的属性在事实上可以被还原到基础的微观物理学,那么(非突现的)物理主义就是正确的。但是如果生命或心智的属性太新颖,与物理世界大不相同,那么突现理论家实际上是隐蔽的二元论者。在那种情况下,他们也可能原形毕露。批评的人争论道,即使突现理论家避开了西拉(Scylla)和卡律布狄斯(Charybdis),他们可能仍然会失败。因为仅仅说"不这样,不那样"传达不了什么信息;突现的概念必须表达出一个肯定的论题。但是,批评家继续说,没有二元论的新颖性和不可还原性也许仅仅是一种否定的说明。在最为负面的情况下,这个短语不过是说:进化产生的现象,似乎以前从来没有过的,也不能还原为以前有过的现象,但这种区别却完全不足以使它成为实在的另一个层次。

▶▶ 2.3 突现的五种不同含义

在我们继续深入探讨定义问题之前,考量一下突现讨论的主题是什么也许会有裨益。在更宽泛的讨论中,会发现术语会在多个领域中使用,一些深切地关注科学主题,另一些明显地和科学不相容。实际上,可以找出至少在五个不同层次上使用突现这个术语。我们需要谨慎的态度来避免泛滥的含糊措辞。当一个人沿着层次间的连续统向前推移,会观察到一个转变,即从非常具体的科学领域向不断增加的整合概念,从而不断增加的哲学概念的转变。

E1:具体科学领域里的突现理论

这个范畴指称这个术语在一门特殊科学理论情境中的出现。因此,E1描述的是一个我们对其有某些科学理解的特殊的物理系统或生物系统的特征。建造这些理论的科学家宣称,在某个特定理论意义上使用这个术语(突现)作为对自然界的特征或模式的描述,对当代科学来说具有价值。然而,因为这种专门性,无论是这个术语的跨理论的类比使用,还是它在其出现的每个理论中意味着某种完全不同的东西,这些都无法确立。

E2:自然界里的突现层次

在这层意义上使用突现这个术语,把注意力集中到有关世界更广泛的特征,有可能会使它最终成为统一性科学理论的一个部分。在这个意义上,突现表达了假定的联系或者定律,这些联系或定律有可能在未来成为某个分支科学或更多分支科学的基础。例如,想一想突现在斯图尔特·考夫曼(Stuart Kauffman)的新"一般生物学"概念里的角色,或者突现在某些称为复杂性或自组织理论中所扮演的角色。

E3:跨科学理论的模式

因为作为跨科学多种理论模式的突现概念,E3 假设了科学中多种理论共有的一些特征,E3 实际上是一个元科学术语。在这层意义上使用,就像它经常在科学哲学中的使用一样,这个术语不是从某种特定科学理论中抽取出来的;它是关于一个重要模式的观察,这个模式据称关联到许多科学理论的范围。例如,考量下一些自催化、复杂性和自组织所共有的特征。我们有一些关于这三个术语中的每一个在至少一个科学分支中所起作用的观念;但是他们也有可能共同享有某些重要特征。E3 把注意力引向这些特征,即在科学中任何个别的理论是否都可以将"突现"这个术语作科学的使用。E3 因此起了一个启发法的功能,帮助突出理论间共有的特征。识别出如此广泛的模式,对扩展现存的理论、形成富有洞察力的新假说或者发起新的跨学科研究项目有所助益。

E4:关于科学间转换模式的理论

在这层意义上,突现是一个关于进化过程的更广泛的理论。像 E3,它认为新系统或者新结构在特定点上形成,并且这些系统具有某些共同特征。

但是突现理论有时超越了描述跨学科领域共同特征的任务;他们有时试图解释为什么这些模式应该存在。这些理论提出:贯穿于不同突现系统间的相似性和差异性,实质上是自然界中一个更为广泛模式(例如,一个总体的突现阶梯)的一部分。21世纪初正在做的工作有,如,理解化学结构如何从底层的物理现象中突现出来、重建作为生命起源研究基础的生物化学动力学,设想复杂的神经过程如何产生认知现象,如记忆、语言、理性和创造力。E4 型理论试图识别出更广泛的模式,这种模式联结了自然界中所有这些或那些转换节点。正如此,E4 型理论自身不是科学理论。一个解释化学结构如何形成的科学理论不太可能解释生命起源,也不能解释自组织中的神经网络如何为记忆编码。反之,E4 理论解释,为什么科学理论间的转换应该是我们在自然界中所发现的那样。

E5:突现的形而上学

在这层意义上,突现是一种形而上学理论,在这个意义上,物理主义和二元论也是形而上学理论。突现主张世界就是:在不间断的创造过程中,连续不断地生成(也许必须生成)更复杂的实在,它也是关于什么是生成的本质的论题。之前提到的四种突现类型中的每一种也许都是 E5 的证据,但是仅凭它们不能证明 E5。形而上学理论不是从有效的证据中得来的有限的推论;形而上学理论是关于作为整体的实在的本质的假说。在这本书的最后一章,我检验了突现的形而上学的案例和随后从它得来的启示。

▶▶ 2.4 例子:第四层的突现

我们已经看到,突现可以被精心阐述为科学的、哲学的、形而上学的,或者甚至宗教的论题。我预设了一个突现的形而上学的理论,不管是宗教的或反宗教的,神学的或者反神学的,这个理论都应该受科学哲学的指导,最终受关于突现在自然界中地位的科学研究的指导。

但是鉴于刚才所总结的突现类型中至少有三种($E_3 - E_5$)不是直接的科学理论,人们想知道突现的更广泛理论在实际上如何引导科学发展。突现的更广泛理论能被科学削弱吗？突现的概念事实上有助于理解 21 世纪初科学的某些趋势有帮助吗？如果确实有,21 世纪初流行的哪种突现论的立场能最好地反映相关科学？我认为,不在科学哲学的领域里做一些工作的话,是无法回答这些问题的。比如,科学哲学这个领域有益于为突现做出的主张的类型定位,有益于详细说明突现的主张如何被评估和指导评估的过程。科学哲学家已经发展出精致的突现理论,对诸如此类的问题进行辩论:"突现的物理实体能发挥自身的因果力吗？或者物理学覆盖了所有需要被引进的因果类型吗?"(稍后我将回到这个问题。)

作为例子,我们来考虑 E4 的情况,关于理论间的转换模式的突现类型。实际上,它代表了一种主张,即:一系列具体的问题摆在科学家面前,这些问题在特定的序列中被考虑:

(1)"突现"这个术语(被理解成无论如何每个人都希望理解它)有益于总结 21 世纪初某一具体学科的成果吗？

(2)哪些成果对总结有益？

(3)当科学研究工作在把这些现象总结为突现,这暗中排斥哪种对立的观点？

(4)在这个意义上,突现的情形有多牢靠？相比其他可利用的框架,突现的框架是如何重要和如何有用？

假设把对这些问题的答案收集起来在心里排列起来,这时数据将引领到一个有趣的比较中,因为现在他必须问:

(5)在前面四个问题的答案中,对于术语"突现"的使用,能发现任何重要的相似性吗？

对最后这个问题的非正式的回答允许我去创造和检验一个作为关于科学家和科学领域间关系的元理论的突现理论。如果我们能够发现不同科学学科间的关系之间的类比,那么突现在自然界中将是一个重要现象,这是二阶的探索。设定这些字母 A,B,C……代表不同的学科:量子物理学,宏观物理学,物理化学,生物化学,细胞生物学,等等。现在集中在特别学科间的关系上:A—B,B—C,C—D,D—E,等等。为了方便,我们可用数字来为每个关系做标记:关系 A—B 是 1,关系 B—C 是 2,关系 C—D 是 3,等等。这样做允许我们提出涉及关系间的相似性和差异的问题:1、2、3、4 等等,它们之间如何相关联？

在我个人看来，在整个关于突现的辩论中，这个问题也许是哲学和科学最重要的重叠点。关于科学领域间联系的问题以及对它的提出，可以使人看到关于自然界的具有很重要意义的事物，否则，一个人根本不会意识到这些事物存在。例如，这个研究成果也许能帮助学者识别在科学领域中的层级，以及重建产生这些层级的原理，不管它是否包含不断增长的复杂性或更为复杂的反馈环，或者是一些其他的概念框架。最后，除非层级构造的原理能够被清晰阐述和检验——换言之，除非有可能显示它会被过去的或未来的经验结果所修正——则谈论自然界的层级，从理论上来说才是严肃的。这个方法在原则上允许这样的检验。

只有这个工作已经完成了，才可以开始评估关于突现的更广泛的哲学理论。在系统阐述这个工作，着手将其落到实处的过程中，本书试图建立一个理论框架，这个框架能够检验关于突现的各种主张，这些主张被越来越多的科学家、哲学家和神学家所提出。例如，哲学家们会问：价值怎样可以依随于物理状态；突现是预设还是消除物理世界因果封闭的信念；意识是运用了自身的因果力或仅仅是物理力的一定的组织的简便表达，而这些物理力由物理学来研究的；物理世界是否正是这样一个典型地域可被据之来支持或者消除宗教信仰，这些信仰认为，宇宙是有精神意义的。然而，即使对于那些对哲学问题没有兴趣的人来说，我们在此提出的方法论，也为评估科学自身内和科学间的突现概念的重要性提供。

▶▶ 2.5 对突现的怀疑

当然，前面勾画出来的关于突现研究的积极规划，引起若干问题、怀疑和保留态度。尤其是担心科学与哲学在方法、理论和假设方面的鸿沟。哲学要求理论统一、一致和尽可能概念精确，能被无歧义地应用于广泛的学科领域。但是任何试图把这样一种总体的哲学理论应用到一系列不同科学学科，都立即招致大量怀疑。自然界中任何两例突现现象所处的理论情境是如此的根本不同——如：经典物理世界从量子力学的状态突现出来；细胞层次的行为从 DNA 密码突现出来——以至于企图只应用统一的哲学理论，会显得就像是最糟糕的一种哲学霸权。科学方面的情形也不会好到哪里去。因为还没有一门所谓的"突现科学",只靠定义突现,科学家们不能使哲学家们确信他们对这个问题已有一个更适当的解决方案。科学替之以提供的是特定的理论,我们已知这些理论是这个或那个科学学科的核心理论。当然,至少在一些情况中,科学理论所描述的是突现现象。但是这种观察是元科学的或哲学的,而不是直接地科学的。

概括地描述突现可能会如何联结科学和哲学并不困难。接受我们一直在讨论的特定层次(E4)的话,就会努力去理解那些描述自然界中的突现的理论和数据;就会去构思形成哲学理论来说明各种突现实例所共有的特征;然后就会比照科学例子来检验这个理论,判决它的充分性。理论到此为止。真正实行这种合作的冒险更加困难。首先,在开始检验各种科学之前,必须具备一些关于什么能被认作是突现例子的想法,这就意味着哲学不仅仅跟随而且还先于科学的工作。接下来,以突现为写作题材的哲学家不得不致力于系统阐述理论,这些理论实际上能被不同科学学科的成果所支持或者削弱;在检验结果出现含混的地方,哲学家和神学家们将不得不用比其领域中惯用的更多的不可知论来满足自己。认同这些条件并不容易。更进一步,因为所涉及的学科从物理学延伸到种群生物学,范围广阔,由此而产生的突现理论,至少有可能提供一个贯穿各种学科的家族相似(family resemblances)的清单。但是对于那些寻求分析严密的理论的分析哲学家和传统的科学哲学家来说,家族相似通常不是很有吸引力。

为了同科学有真正的关联必须妥协于哲学的严苛,这对一些人来说似乎有些奇怪。在物理学哲学和生物学哲学中不是存在着若干这样的案例吗?在这些案例中,科学细节和哲学重构间存在着亲密的伙伴关系。例如,哲学家结合非常细致的分析工作和对所涉及的量子力学理论的精细理解,已经在量子力学的诠释中起重要作用①。相类似的可以说是哲学家的贡献

---

① 杰里米·巴特菲尔德(Jeremy Butterfield)的作品是这一流派的杰出代表。参见托马斯·普雷克、杰里米·巴特菲尔德编著:《非局域性和模态》,多德雷赫特:克鲁尔学术出版社 2002 年版;杰里米·巴特菲尔德、康斯坦丁·帕格尼斯主编:《从物理学到哲学》,剑桥:剑桥大学出版社 1999 年版;杰里米·巴特菲尔德、马克·霍加斯、戈登·贝洛特编:《时空》,奥尔德肖特和布鲁克菲尔德,佛蒙特:达特茅斯出版公司 1996 年版。

的成果,如大卫·赫尔(David Hull)和迈克尔·鲁斯(Michael Ruse)对进化生物的讨论,或者对博弈理论家在形成亲缘选择和互惠利他模型中所起作用的讨论。但是突现不可与此类比,因为这个领域的理论,除非它从一个以上的科学学科中导出,否则不会取得成功。必然地,突现是一个贯穿性的概念,必须适合于多个领域的理论结构和研究成果。因此,突现在任何特定学科中不能刻画更多理论细节。

这个论据解释了为什么我不同意特伦斯·迪肯(Terrence Deacon)21世纪初对突现提出的一些看法①。迪肯清晰表述的有关突现的复杂性的三个步骤,提供了一种在其他文献中很难找到的精确性;他的理论也许是21世纪初可得到的最精致的科学的突现理论。然而,基于进一步的检验,我们会意识到迪肯理论的精确性源自他理论中的物理学的一定优势(更具体地说,是允许自然选择在生成系统中运行的热力学复杂性层次)。这个基本的物理模式能在更复杂的形态中体现,例如,在细胞生物或者灵长类的进化中。但在所援引的文章中,迪肯认为过程自身是不会重复的;第三阶段突现不会成为导致新突现整体的进一步突现复杂性的过程的新起点。相反,当系统达到一个点,在这个点会出现自然选择法则能对其起作用的独立反馈循环,这时系统就已经获得在此能获得的所有本体论的复杂性;除此之外,自然仅仅在增加物理复杂性的循环中迭代着相同的三步骤过程。

与此观点相对照,我会为突现的迭代模型做辩护。如迪肯正确描述的那样,在一定条件下,系统中不断增加的复杂性生成突现实体或单元。然后这些单元逐渐卷入越来越复杂的关系中,直到他们进一步生成自身具有基本因果力的自主单元,突现过程又再次开始。如果这个迭代模型正确,就意味着单独的科学学科不能表达突现的精确本质;突现是一个在多种不同平台上运行的模式。因此,迪肯所寻求的那种对突现的精确解释,没有一门单独的科学理论能够提供。

---

① 特伦斯·迪肯:《出现的等级逻辑:解开进化和自组织的相互依赖》,见布鲁斯·H.韦伯、大卫·J.迪普编:《进化和学习:鲍德温效应的重新考虑》,剑桥:麻省理工学院出版社 2003 年版。

▶▶ 2.6 突现的科学和哲学的分叉进路

通过前面的讨论,现在有可能具体说明 21 世纪初被学者们所采纳的几种不同的进路,当探究各科学中的种种突现主张,并且推导出这个主张的哲学含义时,学者们会采取的进路,在比较几种相互竞争的进路时,不太可能保持中立。

第一,科学共同体中对突现的许多怀疑源于一种认识——突现有时被当作"魔法丸"来使用。换言之,科学家抱怨在某些处理中,突现似乎在进化中代表着一种奇怪的神秘力量,而进化不断作用将世界提升到新一层次的实在。突现论者难道已经获得关于神秘自然历程的知识,一种跨学科的科学家没能掌握的难以捉摸的活力? 科学家们对这种主张的回应的确是正确的,他们认为,我们在具体科学的特定领域里关于宇宙的知识,不会超过那些领域里的专业理论已建立的知识。主张持有一个假定能同时解释所有事物的普世通用科学理论,确实应该被怀疑。(当然,也许存在着推测性的形而上学的角度,这些形而上学视角增添了在任何特定科学中都找不到的洞见;至少科学中没有任何事物能消除这些洞见。稍后我将再回到这个话题。)

第二,一部分思想家也许会对第一群学者的过度看法做出反应,将突现作为一个纯粹否定命题来对待。从这种观点看,突现变成一种关于科学能达致什么的限制的理论。例如,科学不能将高层次的现象还原到低层次的解释;不能仅仅依照部分来解释整体;不能用物理学解释详尽无遗地解释生物或者精神现象。具体的科学也许做了它们最适度的贡献,但是关于自然界还没有形成一个总体的、互相联系的描述——至少没有一个这样的描述能合格地成为知识。

比起前面那个进路,我们应该更积极地评价这个进路。无可否认地,关于"什么不能被知道"的主张也是知识主张,而且必须同样地得到辩护。然而越来越清楚,"科学统一"的纲领已经遭遇一些相当严重的限制,而且突现理论提供了一种有效的方法来解释为什么存在这种限制。然而,仅通过否定命题来解释事物是不充分的。突现理论家如果不能提供一些关于更广泛的结构的肯定说明(反馈环或整体—部分的约束)它是上向解释受到限制的原因,那么,最后他们也将无法解释关于科学知识的限制。

第三,为了回应前面两种选择所面临的问题,一些学者把突现作为一个或更多特定科学中的另一轮进步的先驱。例如,迪肯的突现理论代表了对物理和化学中递增的复杂性的步骤的重构,这个重构最终会对生命系统中自然选择的运作产生更圆满的理解。于是,迪肯理论剩下的部分由一系列自然选择作用于其中的例子组成:原生细胞和多细胞器官,动物在一个环境里的竞争,甚至大脑中的结构和亚系统。基础上是新的类型的突现不会在复杂性的较高层次发生;相反,所有的突现都是同一基础结构的证明。

在考夫曼(后面的第三章将讨论)著作中,突现起的作用与此相类似。考夫曼把生物描述成一个至少能实现一个热力学工作循环的自我再生的主体。如果他在《调查》一书中的理论正确,未来生物学的研究将会像热力学研究一样严格和概念清晰,事实上,这正是考夫曼提出我们站在"新的普通生物学"边缘时心中所想。对考夫曼来说,突现有两种功能:在物理学和生物学间划线,显示为什么生物学需要它自己的核心原理;并且提出,一旦承认生物是相对于物理的突现,一个新的理论框架,即按照工作循环定义的主体的理论框架,就将出现。但是和迪肯的观点一样,这个进路没有提出一个在精神现象的突现中反复出现的更广泛的迭代结构,而人们希望能找到这个迭代结构。

突现理论的第四种流派提倡我所辩护过的迭代模式进路。突现是反复出现的一种模式,在宇宙中连接着不同进化层次,因此,也联系着我们得以科学地了解这个世界的各种方法。就像第二种进路,这种观点也认为,单独学科能对这个世界做的解释有限制。也像第三种提倡模式观点的进路,致力于发展特定科学中的突现现象的详细说明。但是不像第三种观点,我们并不主张:当全面检视整个进化范围寻找反复出现的新突现实例时,在任何特定层次上关于突现的说明能够传达我们获知的所有东西。事实上,突现仅仅是那种贯穿广阔科学(和非科学)领域反复出现的模式。只有回溯到足够久远,与自然界中大量的突现相对照(不仅包括特定领域里部分—整体关系,而且包括跨越这些实例集合中存在的类比),突现的整个模式才变得明朗可见。仅当把自然界反复发生的突现结构作为整体来认知,才会有立场去提供一个关于心智如何与其从中产生的层次相联系的可靠理论。如果不密切关注整个范围的相似性和差异性，就会无可避免地把心智下向还原到它的物理基质或者像二元论者一样过度强调心智同物理世界的分离。

► ► **2.7 下向因果关系**

追问什么是突现的最重要的定义特征是很合理的。就强突现论而言，答案是：下向因果关系概念。我把下向因果关系定义为一个过程，凭此过程，一些整体对其组成部分具有主动的非附加的因果影响。当讨论的"整体"是我们按标准挑选出来作为世界的一个分离的客体的某些事物（如细胞、器官、有机体和人类建造的客体）时，下向因果关系的情况最清晰。毋庸置疑，关于下向因果关系的主张在涉及心智的因果力时变得最有争议，如罗伯特·奥蒂（Robert Audi）的声明"心智属性具有因果力，即能在广泛的因果概括中起一种因果解释的作用"①就是如此。但并不是全部、甚至不是大多数的下向因果关系推定的案例，涉及心智的因果力。事实上，如果心智的因果力是下向因果关系仅有的实例，那么导致的立场将会支持二元论而不是突现论。也就是说，下向作用的原因完全是世界中实在的另外的一种序在起作用的标志，而不是一个世界产生许多整体，这些整体转而又对其组成部分有因果影响的标志。

强突现是个颇具争议的论题，因为下向因果的概念颇具争议。概览这个争论最快的方法是仔细考量近来的讨论中的四个主要竞争进路，其中每一个都有其热烈的拥护者。可以否定世界上存在任何自上至下的因果关系；也可以保持二元论者下向因果关系的观点；或者肯定非二元论者的、自上至下影响的突现论。第三种可能性又可再分为两个主要的竞争进路：整体—部分约束理论（弱突现论）和积极的下向因果关系（强突现论）。

当然，最强烈地否定的，是所有因果关系都是"上向"的观点：唯有组成部分才对其构成的整体产生因果影响。因此，人的主体也许相信思想的内容对身体的行为有因果影响。但事实上，运转着的因果力是微观物理事件，

---

① 罗伯特·奥迪：《心理因果：持续和动态》，见约翰·海尔、阿尔弗雷德·梅尔编：《心理因果》，牛津：牛津大学出版社 1993 年版，第 73 页。

这些大脑中的事件表现为神经细胞间以电化学为中介的相互作用。正是这些神经细胞的运转，引起肌肉收缩和放松从而导致各种动作，其他人把这些动作诠释成在这个世界的行为。

在这个谱系的另一端是二元论的下向因果关系观点。二元论者认为尽管从本体上与物理原因在质地上有不同的实体或力，但它们仍然能够对人的身体也许还对其他物理系统起到决定性的自上至下的因果影响。例如，假如上帝把灵魂植入正在受精的人类卵细胞，并且假如那个灵魂后来引起个体去做些事，在没有灵魂的情况下，身体无法完成这些事，那么，我们就有了最强意义上的下向因果关系。当试图准确地具体化"从本体上有质的不同"的意思时，就会产生歧义。例如，鳗鱼或者大象似乎从质上有别于电子，然而一个人不需要是个二元论者就可以说，大象的运动能够影响作为其组成部分的电子的移动。也不足以说，对于二元论者而言，整体大于其组成部分之和，因为甚至最弱的突现论者都承认这个同样的事实。注意到二元论者认为灵魂不是由物理部分组成，对我们会有点帮助。

最清晰的划界可能关注着所涉及的能量类型间的关系。当笛卡尔申明灵魂通过松果体腺影响身体的时候，他可能会不得不承认：输入心智后，物理系统的总能量（如果我们能够测量它的话）会比以前高，或者大脑在不消耗能量的情况下发生改变。笛卡尔也许会说，大脑里的粒子现在所处的位置，与心智因果起作用之前不同，尽管没有消耗物理能量。同样地，19 世纪的活力论者，他们在关于生命原理的问题上是二元论者，将不得不说"活力论"无须降低器官的物理总能量，就能引起器官状态的变化。一些相类似的东西不得不用来支持神学二元论的奇迹主张：奇迹般康复的身体不需要为了复原而消耗卡路里，而且有可能发现治愈后比治愈前拥有更高的总体能量水平。相比之下，下向因果关系对突现论者来说也许涉及（能量）转换，能量转化为当代科学还不是很清楚的各种形式的能量（例如，精神能量）。但是它将不会涉及任何奇特的新增加的能量到自然界中。

中间的两种对下向因果关系的认识——整体—部分约束和自上至下因果关系——特别重要，因为它们有助于澄清弱突现和强突现之间的区别，这个区别在开始的章节里已经起了重要作用。整体—部分约束，与弱突现相关，倾向于把突现整体看作约束的要素（constraining factors），而不是作为因果活动的主动创造者（active originators）。像细胞或大脑这样的复杂结构是在进化历史中突现的整体;每个整体被看成是其组成部分的一个特别构型,能够对其组成部分实施一种约束作用。同样,当许多电子流经铜线时,我们观察到导电现象(或者,我们说,铜证实了导电性的突现性质);当若干水分子聚积起来,水表面的张力增加,会使得黏性现象突现。大脑中大量整合的神经回路构成一个极其复杂的整体,从而以非常奇妙的方式约束着它的组成部分和子系统的行为。当我们说一个人的思想或意向"引起"她去做什么事的时候,我们错误地把原因主体归于一个新的因果实体,事实上我们仅该说她的中枢神经系统的复杂性以特定的方式约束了她身体的行为。

相比之下,主张自上至下的因果关系,除了大量组成部分作为一个系统来运作所具有的约束影响力外,还应有更多的东西在起作用。在下文中,我将为实际的自上至下的因果关系做出一些辩护,这些辩护按定义是为强突现提供的①。论证的关键在于自然界中显著的"层级"的概念,每个层级通过自身独特规律的存在和因果活动的独特类型而被定义。

下向因果关系的经典定义出现在唐纳德·坎贝尔(Donald Campbell)1974年的论文里②。在稍后对这个定义的表述中,坎贝尔使下向因果关系依赖于不同规律的存在,这些不同规律在自然界中适用于不同的层级:

自然选择凭借生与死在组织的较高层级起作用的地方,较高层级选择系统的规律,部分地决定了较低层级事件和物质的分布。用较低层级的术语来描述中间层级现象的可能性和实现,以此来描述一个中间层级现象,是不完全的。它的出现、流行和分布……常常也需要参照组织的较高层级的规律……对于生物学,一个层级结构的较低层级中的全部过程,受制于较高层级的规律,且表现得与较高层级的规律一致③。

---

① 出于这个原因,观察文献中对一个或另一个术语的使用或回避是特别有趣的。也许最有趣的案例研究是亚瑟·皮考克的工作。早年,他使用了更为谨慎的"整体—部分约束",逐渐大胆地使用了更有力的"自上而下的因果关系",对二元论感到担忧,不再使用更有力的短语,现在他同时使用这两个短语,而没有完全承认它们之间的哲学差异。

② 参见唐纳德·坎贝尔在《层级组织》中的"下向因果关系"《生物系统》,见F.J.阿亚拉、T.H.多布赞斯基编:《生物系统研究》,载《生物哲学》,伯克利:加州大学出版社1974年版,第179—186页。

③ 参见唐纳德·坎贝尔:《组织的层次、下向的因果关系和进化认识论的选择理论方法》,见G.格林伯格、E.托巴赫编:《认识的进化理论》,希尔斯代尔:劳伦斯·埃尔鲍姆1990年版,第1—17页。

坎贝尔的观点被充分接纳：不同学科，事实上是通过用以预测和解释现象的规律集来定义的。（在多数情况下），人们不能用用于一个具体学科的较低层级的规律来取代这些规律。因为复杂性的理由，如果我们只依赖层级结构中较低层级的自然规律，想预测分子、细胞和生物体的行为，往往不可能。例如，玛丽回家路上做出在商店停一下的决定，不可能用结构良好的物理公式来描述。大脑是如此复杂的一个系统，以至于仅仅应用物理学，不能对玛丽未来的大脑状态作出有趣的预测。为了作出任何完全有用的预测，我们必须将神经细胞、突触和给定的动作的电位与它们的因果力结合起来，这意味着物理学不能胜任我们的任务。

另外，为了理解玛丽行为的意义，简单依靠物理规律是不能弄明白世界的相关方面的，我们不但需要生物的结构和控制它们行为的规律，而且需要同预测和理解人类行为相关的专门的社会科学理论和相关分析①。这个论点的重要性并不总是能得到充分确认。例如，物理学甚至不能将玛丽作为一个结构良好的物体来搞清楚；玛丽这个人在物理学中是不可定义的。

比起试图用世界中新颖的或出乎意料的现象打动我们的程度来定义层级，像唐纳德·坎贝尔那样按照独特的规律和因果关系来界定层级，更富有成效。对特别的因果系统的新颖性的主观认识，对于做出哲学区分来说，是一种高度不可靠的方法。世界上一些高度戏剧性的事件，结果却是有相当平凡的科学解释（想一下打雷和闪电），然而那些对人类观察者来说似乎是相当常识性的事件，结果却标志着经验世界里高度重大的转变（如：来自恒星的光和来自星系的光之间的区别，或者从一定距离快速后退的恒星与星系射向我们的光线的红移的程度）。注意到这个观察分开了两条路：我们不能因为一个案例对于突现论解释来说太过平凡或者太过惊人，从而摒弃这个被认为是突现的案例。

坎贝尔和其他一些学者，根据某门具体科学学科挑选出来的独有规律和因果关系来定义突现层级，以此避免主观主义的危险。相比突现是关于层级间转换的单一理论，突现更多的是关于那些（或多或少）离散层级的存在的理论。当突现发生时，层级间的转换是很不相同的：化学依赖于物理的

---

① 为了捍卫特殊科学，即使以放松"科学的统一性"理想为代价，也请参见杰里·福多：《特殊科学，或科学的不统一性作为一种工作假设》，见内德·布洛克编：《心理学哲学读物》第 2 卷，剑桥：哈佛大学出版社 1980 年版，i.120—133。

方式不同于有机体对细胞行为的依赖,而且二者皆不同于意识受缚于大脑状态的方式。然而三种方式都涉及:在具有不同规律的两个实在层级间的转换。

自然成就层级间转换的方式千差万别,提醒我们主要基于心智的突现来为突现做辩护会有危险。如果心智确实是大自然中下向因果关系的孤例,那么把一个强突现论的论据基于心理因果关系,实际上论证的将是二元论的真理而不是突现论。毕竟,突现论是一元论的一种形式,认为世界的一种"材料"(stuff)实际上在世界中起了比旧时代的物理主义者所设想的(可悲的,现在仍这样想)更多样的因果作用。因其强调多层级的规律和因果关系,它也可以被贴上本体论多元主义的标签,但是"一元论"更好地表达了科学尽可能去全面理解层级间相互关系的承诺。尽管如此,只有当家族类似联结了整个自然界中多种多样的突现实例,突现论的中心命题才能得到支持。因此,接下来的一章,在回归突现的心理因果关系这个问题之前,我将转向为生物科学里的下向因果关系做辩护。

▶▶ 2.8 突现论和物理主义

讲到这里,读者已经遇到了有关突现的区分、立场和进路争论的相当宽泛的谱系。选择的范围太大以至于不能得到一个清晰的突现概念吗?来自物理主义的质疑仍然是现代科学提出的 21 世纪初最重要的热点议题,当我们比较突现理论家各自对这些质疑做出的回应时,实际上会发现,只剩下数量很有限的核心概念选项。因为我已覆盖了更宽泛的选项(也就是说,包括了强二元论的主张和否定突现论的主张),现在可以将注意力集中于三个最主要最基本的回应,这些回应是对在哲学文献中发现的突现问题的回答。我之所以要表达这三个问题是为了增加对物理主义的距离。

第一,我们经常听到以下陈述:"我不是物理的还原主义者,因为我认为粒子和物理学规律不足以说明我们在宇宙中发现的所有事物。其他的解释原理同样是必需的。"支持这种回答的人承认事态在进化的历程中突现,这有益于我们标记出非物理基础的术语。的确,我们发现自己在解释中运用的概念和谓词,甚至会被安排到各自的层次里,像强突现论者所认为的那样。因此神经学家迈克尔·阿拉比（Michael Arabib）以分层的方式来运用他的"概念图式"：将"人"的图式与"作为整体的大脑"和"心理谓词"的图式相结合。我们可以发明更广泛的概念图式来链接不同的人们（"社会"或"历史"或"宗教"），或者把"人"的图式进一步划分为亚成分。例如："中枢神经系统"包括神经子系统的巨大组合、细胞群、细胞和最终构成它们的分子和物理粒子①。尽管如此，阿拉比和另一些学者主张，物理世界因果闭合的原理，要求所有实际的因果作用在物理力和粒子的最基本层级上完成。我们可以富有成效地沿着概念层级上下地建构图式，从夸克到上帝，但是没有任何与物理主义在本体论上的决裂，需要以这样的方式来运用语言。

我们利用如此丰富多样的概念层级，是基于 une façon de parler（法语：这是一种说法而已）这个观点，一种说话的方式。生物学家谈起进化的目的性甚或"设计"②而不用暗示实际存在着一位有目的的造物主。甚至铁杆的神经学家也像大众心理学家那样，将会继续谈论需求、愿望和欲望，即使他们最终相信实际上不存在这样的因果关系。为此，我建议把这些第一类主要立场的追随者称为 façon de parler（**说法**）突现论者。因此，比如当金在权（Jaegwon Kim）坚持认为所有实际的因果相互作用可以追溯到微观物理粒子和力以及决定它们行为的规律时，他明显打算支持一种强版本的形而上学的物理主义，而他在出版物和日常生活中继续使用大众心理学术语，仅仅反映了一种说话的方式；这并不与他的哲学立场相矛盾，也没有否定。如果像有时候那样，说"事物突现"，金在权所意味的至多是：在广泛多样的层级上建构概念图式是有所裨益的。

如果学者不进一步把这个立场发展为一种哲学的突现论，在突现问题上获得清晰性的企图将得到有力加强。当然，物理主义者将使用意向和思维等诸如此类简便的术语谈论他们周围的世界。但是表征他们的哲学立场的是：否认意向和思维实际上起了下向因果的作用，否认它们自身有任何的因果效力。façon de parler（**说法**）突现论者在精确意义上恰恰是个物理主

---

① 参见迈克尔·阿比布：《图式理论》，S.夏皮罗编：《人工智能百科全书》，纽约：威利出版社 1992 年版，1427—1443；阿比布、E.杰弗里·康克林、简·C.希尔：《从图式理论到语言》，纽约：牛津大学出版社 1987 年版。

② 大卫·J.布勒主编：《功能，选择和设计》奥尔巴尼，纽约：纽约州立大学出版社 1999 年版。

义者。相反,如果突现论者试图侵占反突现论者物理主义的中心位置,只会引起混乱。

第二,与话语说法(façon de parler)突现论者形成对比,许多科学家和哲学家想要与物理主义保持尽可能的亲近,然而却发现自己被迫承认突现结构及其性质对物理世界的发展具有影响。这些哲学家因为继续把他们的本体论集中在微观物理学,所以他们向经典的物理主义靠拢。当卡尔·吉列特(Carl Gillett)在"所有的个体都是由微观物理的个体构成、或与微观物理的个体同一,而且所有属性都是通过微观物理的属性得以实现、或与微观物理的属性同一"①的意义上支持物理主义的时候,他就是在替这个突现论中的主要流派说话。这些哲学家正确地拒绝了由金在权提出的虚假的二分法。金在权告诫说,如果我们放弃了"物理的因果闭合",原则上,就不可能有关于物理现象的完整的物理学理论,虽然理论物理学至今为止都在渴望成为一个完整的理论,但它必须终止纯粹的物理,转去祈求不可还原的非物理因果力——活力原则、隐德莱希、心智能量、生命力,或者不可名状的东西。如果那就是你愿意去拥抱的,为什么还称自己是"物理学家"呢?②

金在权是正确的,在突现论者这个词的任何意义上,突现论者都必须放弃物理因果闭合的原则。像吉列特这样的突现论者回应道:只要能够指定一种非因果的"决定性",也即一种"不涉及全部的实体,而且明显不涉及能量传递和/或者力的中介作用"③的决定性,他们就能够在放弃物理因果闭合的同时,(在把本体论的优先地位赋予微观物理的意义上)仍然是个物理学家。吉列特跟随南茜·卡特莱特(Nancy Cartwright)把这个叫作"拼凑物理主义"。像英国突现论家一样,吉列特认同存在一个基本定律的"拼凑工作","包括把不可消解地指称……突现性质……的较高层次的定律,马赛克似的镶嵌在一起的基本决定性的,并因此具有因果效力的实体"。(《非还原的实现》第43—44页)我们再次发现要诉诸多层级的定律和因果关系。

---

① 参见卡尔·吉列特:《非还原的实现和非还原的同一性:物理主义不需要什么》,在斯文·沃尔特、海因茨一代特尔·赫克曼编著:《物理主义和心理因果关系》,夏洛茨维尔:印记学术2003年版,23—49,第28页。

② 见金在权:《精神因果关系的非还原主义者的麻烦》,载赫奥、梅勒编:《精神因果关系》,189—210,第209页。卡尔·吉列:《为非还原物理主义辩护的强突现:为"下向"决定的物理主义形而上学》,载《原理》6(2003),83—114。

③ 吉列特:《非还原的实现》,第42页。

对这个流行观点来说,至关重要的是观察到系统里发生突现现象,这些系统包含构成整体的各部分之间的相互作用。如果共同决定一个结果的,是一个分离的事物,那么物理主义的本体论就会破产,但是那些突现论思想家,与物理主义的经典形式相比只不过是想稍微弱化一下物理主义因此,他们坚持,只要是物理实体组成系统,之后系统又以某种具体的方式约束这些实体的运动,这就不是非物理的东西在起作用。想想罗杰·斯佩里(Roger Sperry)经常引用的例子:仅对分子间相互作用有了解,仍然无法预测车轮里的分子的移动方式。然而,车轮的运动里没什么灵异鬼怪,车轮分子的运动也没有违反物理定律。明显地,车轮的运动"决定着"它的组成部分的运动;它正是一种不同的决定性,而不是来源于微观物理的自下至上的因果作用。这就是"在部分—整体、实现或条件力的情况下",出现的其他的"和完全不同类型的决定性"。(《非还原的实现》第 42 页)

在文献里,已经有一个广泛使用的术语来表示这种微观物理客体的非因果决定性:整体—部分的约束。看起来,金在权和其他坚定的实在论者不充分承认此类约束所起的作用。赋予这些约束以应得的哲学地截然不同于物理主义的立场,这个立场以有趣的方式脱离话语说法(façon de parler)物理主义。例如,吉列特在心智哲学上是个功能主义者,而且赞同他称为"万有在神论"的一种信仰上帝的形式,这是不那么强硬的物理主义者愿意接纳的东西①。唯一不幸的事实是,吉列特坚持把他的立场称为"强突现论"②,而不是把他的立场标记为"弱突现论"或者"整体—部分约束突现论"。因为吉列特对突现的定义清晰地同强突现理论决裂,这些强突现理论由英国突现论者提出来并且在文献中得以广泛使用,同时吉列特还准确地汇总了弱突现论和整体—部分的约束捍卫者的主张,所以他的用词不当,为持续进行的辩论增添了一份不必要的含混,威胁性地制造出那种令新加入辩论的人举手投降、完全放弃这个概念的混乱局面。

第三,鉴于以上两个立场间的明显区别,为强突现论下定义并不困难。

---

① 参见卡尔·吉列特:《物理主义和泛神论:好消息和坏消息》,载《信仰与哲学》20/1(2003 年 1 月),1—21。

② "属性实例 X 在单个 S 中是强突现的,当且仅当(i)X 是由其他性质/关系实现的;(ii)X 部分地非因果决定了由实现 X 的至少一个基本性质/关系所贡献的因果力量"(吉列特:《非还原的实现》,37—38)。

它包括所有弱突现论的特征(这一点吉列特和其他人已经辩护过),除了赋予微观物理优先地位以外。尽管量子物理学提供了进化中的第一约束条件,自然界中,其他层级中仍然明显地存在着除微观物理学之外的约束和决定的因素。因为这些其他因素以一种反事实的方式影响世界中各种过程的结果(如果没有这些因素的话,结果将会有所不同),所以没有理由不把它们当作真实的因果关系来谈论。但是,只要它们是通过各种不同层级的规律和因果网络来被定义的,那么超越所有其他的层级把优先权赋予物理解释就不合道理。① 因为这个理由,强突现论者喜欢术语"一元论"多过术语"物理主义"。(在对这些术语的选择上,我跟从唐纳德·戴维森 Donald David-son。)

争论到这点,我们的对手常常祭起红旗说我们是"反科学的态度"或者——在他们眼中完全是一回事的——"二元论"。这个指控,尽管很戏剧性(和在修辞上有效),但是并不精确。强突现论的拥护者需要致力于科学研究的程度并不亚于持有前两种观点的学者,事实上,在某种意义上更尽心尽力。这里所定义的立场与弱突现论的区别,仅在于它拒绝一个弱突现论所坚持的形而上学假设:微观物理因果和解释的首要性。强突现论者注意到,把生物学——更不要提大众心理学——还原到微观物理学,是一张纯粹的期票。(就此而言,把微观物理学还原到量子力学也是一张期票,而且还是一张有高度争议的期票。)强突现论者认为,在这样的因果还原得以完成以前,更多的科学活动将是按照我们现在所掌握的描述各层级的行为的规律,来研究自然界的各层级。颇具讽刺地,增添微观物理学的条款是一种元物理的、因而是形而上学的规定,21世纪初还缺少证据来支持这个规定。统一科学——在那些把优先权赋予微观物理学的人所能想象的最强意义上——是为科学探索所规定的理想(康德),一个想象的终极点,专家的看法将有可能在此会聚(皮尔士)。但正是形而上学的充满愿望的想法,把规范原则和21世纪初已确立的科学成果混淆起来。

强突现论纲领的几个核心特征从这些结论中产生。首先,它们阐明了突现论者主张中的特殊兴趣,这些主张由诸如考夫曼和迪肯等科学家提出

---

① 当然,在某种意义上,物理学是有特权的:它限制了所有高于它的层次上的解释,但不受它们的约束。但人们可以接受这一原则,而不必接受所有原因都是物理原因。

来。这两位作者都提出了一种科学的因果说明,这种因果说明拒绝微观物理学说明的充分性(除了在刚才定义的意义上),反而探求基本的生物学因果、过程和规律。同样地,这些特征在脑—心联系问题上支持更开放的处理方法。询问基本的因果力在哪些层级上起作用以及它们在何种程度上能被还原到其他的哪个层级是个经验问题。① 作为哲学家,我们有时候禁不住从明显的概念区分着手,然后在我们需要的地方填补经验数据和现象数据。但是将大脑各层级的研究与现象意识联系起来的工作还很凌乱和模糊不清。自然界中的因果联系和因果解释到哪种程度才是微观物理学的,这是需要去发现而不是去预先设置的。因此,强突现论的纲领在心智哲学中并不支持物理主义,尽管支持物理主义会更容易更简洁。如果心智属性还原到中枢神经系统的状态可以确定,我们也会高兴地去避免社会科学理论、概念和人类研究的混乱,因为它将导致一个更节省、更统一的科学的立场。尽管如此,鉴于这种实际情况,我们还是被要求按照人类科学和文化科学本身的面目,把它们作为在对人的个体的完整理解上,在所有生物学的和社会复杂性的意义上的分离的经验资料集合和不可还原的组成部分来对待像意识经验赋予自身自主权一样,宗教现象也把相同的自主权赋予自身了吗? 宗教经验也要求被当作一个新突现层级来对待吗? 我不认为从宗教的角度可以得出和这个结论一样引人注目的结论。从突现论者的角度看,人类的宗教存在或精神体验不需要超出对人类社会—生物存在高度复杂的一部分的表现。如宗教学领域(宗教的社会科学研究)已表明的那样,那些需要比我们已知的人类将掌握的因果力更高级的因果力的系列宗教现象,并不存在。在某些方面,正是人类形成宗教信仰、从事宗教实践和拥有宗教体验。(积极地还是否定地看待人类历史和文化中宗教信仰的普遍性是另一回事。)

当然,一个没有自然进化史的超人的有目的的主体的真实存在,将会引出一个有别于人类的因果层级。这个上帝会是另一个突现层级的产物吗?既是又不是。说它不是,是因为能够先于整个物理宇宙存在的存在,甚至在最弱的意义上都不能依随于那个宇宙。因此,解释人类思想和文化进化的相同类型的突现论,不能用来解释这样一种存在的起源和因果活动(除非神

① 在21世纪初的两篇文章的结尾,吉列特承认,关于突现的问题将不得不通过实证调查来决定。克莱顿想说的是,如果吉列特是一致的,他就会对微观物理主义的预先承诺说同样的话。

性自身是一个突现实体或是一个突现性质的集合①）。说它是另一个突现层级的产物，是因为从自然突现现象的总和到所有这些现象的某种根基和来源，可能会有一个概念上的进展。然而，这个进展充其量代表的是一种得自类比的论据，而不是在突现的本体论之梯上更上一层。就从世界作为整体到它的形而上学来源的讨论而言，术语"二元论"由此得到了辩护。结合神学和突现论产生了一种立场，这个立场在神学上是二元论，但就人类心智和意识而言（如果我的论证成功的话）不是二元论。

▶▶ **结论：突现的八个特征**

因为我将在接下来的章节里使用强突现这个术语，所以概括一下强突现的核心特征，以此来结束对突现概念的分析，大有裨益。八个中心命题刻画了这个立场：

（1）一元论

如果你愿意的话，这里只有一个由质料（stuff）组成的世界。一些学者建议，凡是接受这个命题的人都是唯物主义者。尽管希腊的物质（hylê）概念非常宽泛以致招来异议，但自启蒙运动以来，主要由于笛卡尔和笛卡尔主义者以希腊人从没有过的方式设置了同源词，*物质*，来与心智相对，"唯物主义"从此具有了更有限制的内涵。因此，我建议把*一元论*作为可得到的最中立的词来使用。

（2）层级的复杂性

世界表现为由层级建构起来的：更复杂的单元由更简单的部分组成，然后转而成为由它们所组成的更复杂的实体的"部分"。现在，复杂性理论中坚实的经验性工作快速扩张，允许我们去量化复杂性的增长，至少在一些例子中可以这样做。

（3）暂时的或突现主义的一元论

层级构造的过程随着时间而发生：达尔文的进化论（和某种形式的宇宙

---

① 这种限制并不适用于那些（如塞缪尔·亚历山大和韦兰）把"神"理解为物理世界本身的一种突现属性的人。参见本书第五章。

进化论)从简单到更复杂。因为新的实体在这个过程中突现出来,我和亚瑟·皮考克(Arthur Peacocke)[1]共同提倡突现主义一元论的称号。

(4)没有大一统的突现规律

突现过程中的许多细节——从一个层级突现另一个层级的方式,突现层级的性质,"较低"层级控制"较高"层级的程度,等等——依据我们正在考虑的突现实例而大不相同。例如,哈罗德·莫洛维茨(Harold Morowitz)[2]已经辨别了超过两打的层级,显示了一个突现实例可以如何从根本上与另一个实例不同。因此突现应该被视为一个家族类似的术语。

(5)跨突现层级的模式

我们有可能识别出自然史中绝大多数的不同突现实例所共享的某些显著的(或译为概括性的)相似性,并为之辩护。我特别提出五个相似性。对于任何两个层级 L1 和 L2,L2 从 L1 突现出来,

a)L1 在自然史上居先。

b)L2 依赖于 L1,以至于,如果 L1 中的状态不存在,L2 中的性质将不会存在。

c)L2 是 L1 中的复杂性达到足够程度后的产物。在许多例子中,我们甚至可以识别出特别的临界程度,一旦达到这个临界度,将引起系统开始出现新的突现属性。

d)基于我们所知道的 L1 的知识,有时可以预测新的或者突现属性的突现。但只用 L1,不能预测(i)这些属性的精确性质,(ii)支配这些属性相互作用的规则(或者它们的现象的模式),(iii)它们在适当时候将导致的突现层级的种类。

e)L2 在"还原"的任何标准意义上都不能还原到 L1。在科学哲学文献中,"还原"表示:因果的、解释性、形而上学的,或者本体论的还原。

(6)下向因果关系

我也为有更多争议的下向因果关系做了辩护:在一些例子中,L2 的现象对 L1 起了因果作用,这个因果作用不能被还原到 L1 的因果历史。这个

---

[1] 参见亚瑟·皮考克:《寂静之声》,见罗伯特·J.拉塞尔等编:《神经科学与人》,梵蒂冈:梵蒂冈瞭望出版社 1999 年版。

[2] 参见哈罗德·莫洛维茨:《万物的出现:世界如何变得复杂》,纽约:牛津大学出版社 2002 年版。

因果的不可还原性并不仅仅是认识论上的,这是在这个意义上说的:我们无法讲述 L1 的因果故事,但是(譬如说只有)上帝可以。它是本体论上的:世界是如此的,以致它生成的系统,其自身的突现性质运用它们自身独特的因果影响力对彼此之间以及(至少)对层级中相邻的较低层级起作用。如果我们接受直觉的原理,即本体论应该跟随主体,那么突现的因果主体的案例证明我们谈论自然史中的突现客体(有机体、行动者主体)是正当的。**突现属性现存客体的新特征**(如:导电性是在一定条件下被组合后的电子出现的一种特性);突现客体在自己的行为中成为行动者主体的中心[细胞和有机体可以由更小的粒子构成,但他们也凭其自身的独立自在性(in their own right)成为科学解释的对象。]

(7)突现的多元主义

一些人认为:(6)推出了二元论。我不同意这个说法。下向因果关系意味着"多元论"的立场只是在断定,真实独特的层级都发生在同一个自然界中,而且不同层级的客体可以是本体论上的基元(primitive)(可以是独立自在的实体),而不是仅仅被理解为较低层次、基本粒子的聚合物(本体论的原子论)。但是称这个立场为"二元论",就是在所谓的至少 28 个不同层级当中(如果莫洛维茨正确的话),把特权授予一个特别的突现层级——思想从足够复杂的神经系统中的突现。

(8)"心智"是突现的

我所主张的哲学观点不等价于"双面一元论"。"双面一元论"观点习惯上暗示:在心里和物理属性之间没有因果的相互作用,因为它们是同一种"东西"的 两个不同方面。相比之下,21 世纪初我的观点预设了上向和下向因果影响都起作用。

第 **3** 章

自然科学中的突现

▶▶ 3.1 引言

　　现在的工作是要审视突现在自然科学中，以及其在各门自然科学学科之间的作用。坦白地讲，突现所覆盖的每一门科学和各门科学间的每一种联系都值得被成文来阐明。然而，在讨论的前期，科学家和哲学家们都还非常不清楚突现可能的意义及其在自然界中发生的地点，因此，最紧迫的任务则是在荆棘中开辟出第一条道路，无论前路多艰难。

　　在前面的章节中，我们看到，突现主要与其在科学研究领域之间的转换相关。一旦一个实体或者一项功能突现——一个细胞，一个有机体和被称之为属性集合的人——它本身则变为了一个科学研究的对象。现在，突现的概念已经变得更清晰，人们想知道：事实上，在自然界中什么可以被视为突现的呢？我认为削弱了还原物理主义的那些例子就可视为是突现的。他们削弱还原物理主义是通过支持一个广泛的与自然历史相关的论点，我将它称之为突现——这个论点表示，进化产生了一系列多种多样不同层次的现象，每个现象都结合它自身的规律或模式发挥着因果作用。在强突现论和弱突现论两个关于自然突现的解释中，至少在一些案例中有数据支持了强突现论的存在。特别是在生物学事件中，所谓突现即是可以独立自主变为因果主体的实体，而不仅仅是一些基础粒子和力整合在一起的聚合物。

　　斯诺（C.P.Snow）在回忆录中承认在这个探究的各个部分中，一定的文化冲突在其中涌动①。科学家们更倾向于具体的例子,并且他们对于概念性的阐明就像清清嗓子一样,这就好像对于真正重要的东西只是做了一些准备工作。相反,哲学家们抱怨科学的案例太过于细节化,并且很快的直接从前一章跳到了下一章。然而,构建一个令人瞩目的案例,需要在科学和哲学两个方面的细节上都不亚于在此中给出的程度。有的人也会将文化差异作为理论选择的回应。哲学家们普遍认识到物理主义,强突现论和弱突现论三者之间有较大的概念性差异;他们寻找大量的著述(即使不是成百上千)为其中的一个观点的某种特别说法做出辩护,反对所有的后来者。相反,科学家们则更倾向于抱怨这三种立场之间是没有真正差异的——或者至少三种立场应该被作为程度不同的问题来对待。例如,生物学家们在接受科研训练时被告知他们是物理主义者,我已经论证过,这是一种与生物学中的标准理论和科研实践相矛盾的哲学立场:从技术层面讲,生物学家们应该说他们是自然主义者或者是自然史的学生,而非物理主义者。经验告诉我们,从概念上讲,让科学读者信服并要在这三种立场中做出正确的决定是非常有难度的。

▶▶ **3.2 从物理学到化学**

在神经网络和人工系统理论的辅助下,本章节主要聚焦于一些从生物化学和生物学中提炼出的例子。然而,在把这些规律趋向解释详尽之前,更重要的是了解一下近期突现在物理学中应用的情况,只是展示出突现这个术语在解释各种物理理论关系中的关键作用。尽管我并不试图去详细分析物理突现的独特性,但是这匆匆一瞥还是能显示物理学在一个完整的突现科学理论中发挥了作用。②

我们可以通过观察证实,现象在复杂的物理系统发展中突现出来,但是却不能从基础物理原理中衍生出来。甚至给定先前状态的完整知识,我们

---

① 参见C.P.斯诺关于科学和人文的著名文章:《两种文化》第2版,剑桥:剑桥大学出版社1964年版。

② 更多细节见菲利浦·克莱顿和保罗·戴维斯编著:《突现的再突现》,牛津:牛津大学出版社2006年版。

也不能预测带有自身的特殊性质的突现。例如,我们无法从对单个电子的研究中了解导电性;只有在包含大量电子的复杂性固态系统中才会突现出导电性这种性质。同样的,在单个粒子运动的知识中,无法预测混沌流体涡流(也即,瀑布底部旋涡的形成)的液体动力学。量子霍尔效应和超导电性的现象被罗伯特·劳克林(Robert Laughlin)和其他人引用来作为突现的更多例示。

这些例子是有说服力的:物理学家们熟悉大量只根据部分的知识而不能预测物理整体的案例。然而,在直觉上这些不可预测的重要性意见是不一致的。我们将这两种选择称之为强不可预知性和弱不可预知性(将这个讨论与前两章中大量关于强和弱突现的讨论联系起来)。一个弱不可预知性的案例是:在给出适当关于部分的综合信息后,可以预测到整合状态——即使系统动力学的预测已经超越了现在,或者甚至是未来,但却总是限制在原则上可控制的范围内。但是,它们会在更强的意义上不可预测——即,甚至在原则上不可预测——系统作为一个整体发挥某种因果影响,并且这个整体大于它部分的总和。我们将能量矢量理解为某些力的集合的总和,即使完成这些实际的计算超出人类能力,我们依然有弱不可预测性;而当能量事先不可计算而仅能凭随后的观察得以确定时,我们有强不可预测性。

大多数读者已经很熟悉导物理突现的例子,例如导电性和流体动力学;而且我们可以找到很多这样的例子。然而,近来出现了关于物理突现的更激进观点。例如,所有从量子力学势(quantum mechanical potentialities)中突现出来的存在,在标准图景上,始于空—时本身。例如,胡安·马尔达西那(Juan Maldacena)21世纪初提出"空—时动态地出现,是由于量子场论中的相互作用在边界上发挥效应。它是一个'突现的'属性,因相互作用而出现"。广义相对论要求我们对待空—时像四维流体一样,而不是把空—时当作一个从存在于它之中的(如质量)事物中分离出来的非物理结构。当然,正如马尔达西那所说的,空—时是否从量子相互作用中突现出来,这是一个更加具有思辨性的问题。

无论是哪种情况,新近的理论肯定要求我们将经典世界理解为从量子世界突现出来。阿尔布雷希特(A. Albrecht)已经论述了热力学的经典突现,沃伊切赫·苏莱克(Wojciech Zurek)则讨论了"从微观到宏观的路径是突现"。苏莱克在其著作论证了"退相干状态是……解释突现经典的关键要素"①。因此，例如谈论"偏好的指针状态的突现"（苏莱克，"Decoherence"（2002），17）是适当的：甚至那个经典物理力的范式试金石，通过刻度盘上指针的位置测量宏观状态，现在也必须被理解成是由量子态叠加的退相干造成的突现现象。

在物理系统的进化中，我们很容易找到关于序的突现的更简单例子。经常引用的例子包括雪花、雪晶体和其他冰现象的形成②，与比例大幅变化相关的模型，比如分形③。流体动力学的现象也提供了一些引人注目的例子④，例如被称为贝纳德不稳定性的液体对流模式。当（液体的）平衡态变得不稳定并在之后显现出自组织的行为，贝纳德不稳定性就在远离热力学平衡态的流体系统中发生⑤。在贝纳德的案例中，较低水平液层的表面被加热，形成了一个从液体底部到顶部的热对流。当温度梯度达到一定的临界值，热传导不再满足向上的热传输。在那个点上形成对流元胞，与垂直的热流形成恰当的角度。液体自发地组织自身进入这些六角形的结构或者元胞中。

描述热流的微分方程描述了解决问题的一种分叉。这种分叉展示了大量分子从先前的随机行动到自发地自组织进入对流元胞。这是一个在系统中自发地显现出有序的特别清晰的代表性例子。像我们将看到的那样，生物化学和生物学中许多突现有序的例子提供了类似的自发形成有序结构的案例。

① 沃伊切赫·苏莱克：《退相干和从量子到经典的过渡——重新审视》，载《洛斯阿拉莫斯科学》27（2002），14。另参见沃伊切赫·苏莱克：《退相干和从量子到经典的过渡》，载《今日物理》44/10（1991年10月），36—44。

② 加州理工学院（California Institute of Technology）维护的网站 www.snowcrystals.com 对雪晶体形成的物理过程进行了精彩的描述；见 http://www.its.caltech.edu/~atomic/snowcrystals/（已验证）2004年2月22日。

③ 数学分形不仅在物理学中，而且在生物学、化学、经济学和人类行为研究中，都被用于模拟自然发生的系统。这个领域现在有了自己的期刊——《分形》，并由《世界科学》进行了很好的总结；参见 http://www.worldscinet.com/ fractals/fractal. shtml（2004年2月22日验证）。

④ 参见G.K.巴切勒：《流体动力学导论》，剑桥：剑桥大学出版社2000年版。

⑤ 参见亚瑟·皮考克：《上帝与新生物学》，格洛斯特：彼得·史密斯出版社1994年版，第153页。

最后,让我们考虑一下泡利不相容原理。泡利不相容原理是一个物理规律,规定一个原子的两个电子不能具有完全相同的四个量子数。因此能量最大的电子会占据一个原子轨道。这要求关于电子填充轨道的简单原理,结果证明是理解现代化学的基础。例如,我们发现亚能级的每个类型(s,p,d,f)必须具有自己独特的电容。当轨道按照这个简单原理从最低能量轨道开始填满时,我们从元素周期表中获知的化学特征就开始突现出来。因此,一个相当简单的原理产生了一个结果:复杂的化学元素分布。这些突现的性质既是多种多样的,也是不可预测的。(这个例子再次提出了上面讨论过的强不可预测性与弱不可预测性比较的关键问题。)

▶▶ 3.3 人工系统

当我们推进到化学系统,并且最终到生物系统,一种广泛源于物理学的突现结构发挥了越来越大的因果解释作用。为了追溯源于不断增长的复杂性的现象,以及这些现象突现的原理,考虑一下 21 世纪初在有关人工系统的著作中的一些洞见不无裨益。人工系统领域的三个例子特别有解释性:"滑翔机"在模拟进化系统中的突现,神经网络的突现和蚁群系统层次属性的突现。

(1)计算机模拟研究了根据极其简单的原则生成复杂突现性质的过程。约翰·康威(John Conway)模拟元胞自动机的"生命"游戏已被广泛知晓。这个游戏的算法包含极其简单的几条规则,基于小方块邻居的状态决定棋盘上一个方块的"生"。这些规则一经应用就生成了复杂结构,这些复杂结构证明了有趣的和不可预测的行为。"滑翔机"是其中一种复杂结构,这是一种五方格结构,沿着网格的对角线运动、四代一个循环的游戏。[1]

正如在自然系统中一样,进一步突现的复杂性通过游戏"拼贴"(tiles)的事实得到增加。"拼贴"这个术语表示一种现象,在此现象中,复合结构由几组更简单的结构组成,并且证明通过游戏的迭代产生了一致行为。例如,对单独方块来说是真的东西,对3—3排列的方块来说也可以是真的。在这

---

① 约翰·霍兰:《突现:从混乱到有序》,剑桥:柏修斯图书 1998 年版,第 138 页。

种情况中,处理的系统要复杂得多:拼贴的结果有 512 种状态,并且它的每八步输入可以选取 512 个值中的任一个值。①

乔治·埃利斯(George Ellis)将自然界中的拼贴现象称为"封装",②这揭示了为什么自然界中的突现结构在科学解释中起到了如此关键的作用。复合结构由更简单的结构组成,而且支配简单部分的行为的规则在系统的整个进化中继续产生作用。然而,甚至在像康威"生命"游戏这样简单的系统中,只按照简单部分(规则)来预测较大结构的运动,结果表明都是极其复杂的。在真实杂乱的生物世界里,复杂系统的行为在实践中很快变得不可计算,这是毫不奇怪的。(无论它们是不是在原则上不可计算,如强不可预测,以及如果是这样,那原因是什么,这仍然是突现理论的中心问题。)作为一种结果——现在看来是必然的——科学家必须依赖于按照突现结构及其因果力作出的解释。那么现在看来,实现终极"下向"还原的梦想已经从根本上证明是不可能的。不断扩展关于较低层级的描述,并不能公正地对待已经进化的自然界真正的突现复杂性。

史蒂芬·沃尔夫拉姆(Stephen Wolfram)21 世纪初试图将基于规则的突现的核心原理公式化:

[甚]至由一些极其简单的可能规则组成的程序产生了高度复杂的行为,然而,由相当复杂的规则组成的程序经常只产生相当简单的行为……如果我们只是看到一条规则最初的形式,通常对它将生成的整体行为几乎不可能说太多。③

极其相似的规则生成差异广泛的输出,沃尔夫拉姆提供一系列基本元胞自动机,从一个程序到下一个程序,其规则仅有一个地方在格雷码系列中不同(同上)。

(2)神经网络研究从非常不同的角度出发,得到了相似的结果。让我们考虑一下约翰·霍兰(John Holland)关于发展视觉加工系统的著作。霍兰

① 约翰·霍兰:《突现:从混乱到有序》,剑桥:柏修斯图书 1998 年版,第 194 页。

② 参见乔治·埃利斯:《真正的复杂性及其相关的本体论》,见约翰·巴罗、保罗·戴维斯、查尔斯·哈珀主编:《科学与终极现实:量子理论、宇宙学和复杂性》,剑桥:剑桥大学出版社 2004 年版。

③ 斯蒂芬·沃尔夫勒姆:《一种新科学》(Champaign, Ill.: Wolfram Media, 2002),第352 页。

以一个哺乳动物系统为一个简单代表性例子①。在神经网络研究中,我们不是事先建立规则,而是在无数的"节点"(nodes)间建构一套随机的相互联系来形成一个网络。随后研究者强行加入一些模仿哺乳动物知觉的相对简单的加工规则。关键在于,这些规则属于突触而不属于神经网络的整体架构。因此,这些规则可能包括基于可变阈值起动而支配循环脉冲的规则,模拟活动一段时间后,起动受抑(theinhibiton of firing)的"疲劳"规则等等。研究者也会编制一个"转向对比"反射的程序,因此"眼睛"能在21世纪初呈现出的影像中成功地转向相对比的新点,如此直到图形的另一个最高值。然后研究者从系统的输出中学习,进行多次试验和测量。

这种观点是要看这些简单系统是否能模拟哺乳动物的视觉记忆。这似乎是可以模拟的。例如,霍兰的系统展示了这些特征:共时性或者反射,以及预期:"神经元"组群"准备"回应一个预期的未来的刺激。(《突现》第104页)换言之,神经元组群在回应三角形的每个顶点时激活,而"疲劳的"神经元没有激活。尤其吸引人的是层级的现象:在回应已形成的组群时,产生新的神经元组群。(《突现》第108页)因此三个原初组群中的任何一个组群得到激活,这代表达到顶点,就会引起第四个区域激活,这表明了对"三角形"的记忆。

(3)关于突现现象的神经网络模型,不但能模拟视觉记忆,也能模拟从简单行为"规则"(这些被编程到个体蚂蚁的规则可以遗传)突现出蚁群行为那样复杂的现象。正如约翰·霍兰的书中所再次显示的,研究者可以为单独的节点编程,模拟似乎是决定蚂蚁行为的简单的接近/防撞原则。(《突现》第228页)

当探测到移动物体时逃开;但是如果这个物体正在移动并且体积小并且流露出"朋友"的迹象,那么靠近它并且碰它的触角。

蚂蚁研究者如黛博拉·戈登(Deborah Gordon)的工作确认了结果性程序,在极大程度上模拟了真实的蚂蚁行为。她关于蚁群的工作转而又增加了对复杂系统的普遍理解:

蚁群生活的动力学同许多其他的复杂系统有些相同的特征:相当简单的单位产生复杂的全局(global)行为。如果我们知道一个蚁群怎样工作,

---

① 参见霍兰:《突现》第102页。

我们也许会对从大脑到生态系统的所有此类系统如何工作有更多的理解。[1]

甚至一个蚁群的行为都不仅仅是个体蚂蚁行为的集合。个体蚂蚁的行为遵从极简单的规则[2]，但结果却很令人惊奇。因为作为一个整体的蚁群行为是相当复杂的，而且高度适应其生态系统中的复杂变化。例如，戈登发现，在比较一个指定的蚁群与其他蚁群时，这个指定的蚁群会有一套独有的特征（人们也许会说是一种独有的个性）：一个蚁群可能会更富有进取性地、更快地作出反应，而其他蚁群则更被动和更有耐性。此外，蚁群特征随着它们寿命的增长而一年又一年地转变，年轻的蚁群不断壮大和消耗更多能量，年老的蚁群更倾向于停滞。这些较高层次模式体现出令人惊奇的地方是：尽管个体蚂蚁只能活约一年时间，但经过十年左右，这些较高层次的模式仍然会突现出来。（当然，蚁后活的时间和蚁群一样长，但是——尽管在电影《蚂蚁》里已有描述——蚁后对蚁群没有发挥统治功能或者没有控制蚁群。）蚁群显然作为一个整体，其复杂适应性潜能是这个集合系统的突现特征。科学研究的任务是正确描述和理解这样整体大于部分之和的突现现象。

▶▶ **3.4 生物化学**

迄今为止，我们已经考察了关于自然如何基于相对简单的规则构建高度复杂和适应性行为的一些理论模型。现在我们必须考察一下明显的有序从（相对）混沌中突现出来的实际案例。最大的问题是自然如何从"无"中获得有序，也即当有序并不出现在初始条件中时，有序如何在系统进化的进程中得以产生。（通常来对于物理学家来说，这个问题似乎是不合规范的，然而生物学家倾向于承认这个问题是生命系统进化中的核心特征之一。）这种

---

[1] 黛博拉·M.戈登，《工作中的蚂蚁：昆虫社会是如何组织的》，纽约：W.W.诺顿出版社 2000 年版，第 141 页。

[2] 黛博拉·M.戈登对这一说法提出异议，"从蚂蚁身上得到的一个教训是，要了解像他们这样的系统，光把它拆开是不够的。每个单元的行为不是封装在该单元内部，而是来自它与系统其余部分的连接。同样强烈地打破了下面的总体突现模型"。同上书。

突现何以可能的几种机制是什么？让我们来考察三个例子：

(1)生物化学新陈代谢中的自催化

自催化过程在生物圈一些最基本的突现例子中发挥作用。这是一些相对简单并带有几个催化步骤的化学过程。因为这些化学过程很容易掌握，所以它们成为进入远离平衡态化学过程热力学的一个好的切入点。而远离平衡态化学过程热力学是广大的更复杂的生物系统的基础。

许多生物化学以一种类型的催化作用为特征，在这种类型的催化作用里，"一个产物的出现需要它自身的合成。"[①]。给出一个基本的反应链：凡 $A{\rightarrow}X$，而且 $X{\rightarrow}E$，但 X 涉及一个自催化过程(同上，135)。

举例来说，分子 X 有可能激活一种酶，这种酶"稳定"了允许反应发生的构型。类似地频繁发生的情况是交叉催化(crosscatalysis)，即 X 由 Y 产生，同时 Y 又从 X 产生。交叉催化由 $B{+}X{\rightarrow}Y{+}D$ 来表示，也就是说，X 在 B 出现时产生 Y 和一个副产品。Y 的出现依次产生了一个更多数量的 X(这里，$2X{+}Y{\rightarrow}3X$)。这个完整的反应循环在产生 E 的过程中是自催化的。这种循环在新陈代谢的功能中起到了关键作用。

(2)贝洛索夫—扎鲍廷斯基反应

当我们考察更复杂的例子时，突现的作用变得更加清晰。考察一下著名的贝洛索夫—扎鲍廷斯基反应[②](见图 3.3)。这个反应包含一种有机酸(丙二酸)在加入催化剂如铈、锰或者亚铁菲绕啉离子后被溴酸钾氧化的反应。将这四种催化剂加入化学反应器，产生了超过 30 种产物和中间物。贝洛索夫—扎鲍廷斯基反应提供了一个有趣的例子，描述了一个从高度无序进入一种产生图案状态的生化过程。通过在一个受限的空间里，把一组具体的非常局部的自催化反应连锁起来，就能生产明显的大规模的空间图案，这些图案适时地经历了有规则的转换。[③]

---

① 伊利亚·普里高津：《混乱中的秩序：人与自然的新对话》，纽约：班特姆图书出版社 1984 年版，第 134 页。

② 伊利亚·普里高津：《从混沌到有序：人与自然的新对话》，纽约：班特姆图书出版社 1984 年版，第 152 页。

③ 物理化学家亚瑟·皮考克注意到贝洛索夫-扎鲍廷斯基反应对它们所处空间的特定维度是多么敏感："改变试管的大小，所有的都保持均匀！"(私人信件)。有关这些现象和相关现象的详细分析，参见亚瑟·皮考克：《生物组织的物理化学导论》，牛津：克拉伦登出版社 1983、1989 年版。

在更复杂的化学系统中,远离平衡态,多重状态(multiple states)就可以实现。也就是说,给定一组边界条件,能够生成不同结果状态中的一种状态。这些产出状态的化学成分在生物系统中起到"控制机制"的作用。探索多重静态结果和"吸引子"(attractors)或"奇异吸引子"间的相似性将会大有成效。例如,在研究物理学中的复杂系统时,数学家已经探讨过"吸引子"或"奇异吸引子"。

然后人们想知道:这些远离热力学平衡态的耗散结构共同的特征是什么?我在此大力推荐普利高津的结论:(《从混沌到有序》第 171 页)

耗散结构最有趣的一个方面是它们的相干性。系统表现为一个整体,好像它是长距离力的所在……尽管事实上分子间的相互作用不会超过大约 10^{-8} cm,但系统被建构时,就像是每个分子都被"告知"了系统整个状态的信息。

用哲学术语来讲,上述材料意味着突现不仅仅是认识论的,而且在自然界中也可以是本体论的。也就是说,关于部分的结构和能量的完整知识,并不仅仅是*我们*不能预测这个系统中的突现行为。相反,关于这些系统的研究,表明系统结构的特征——它们是从这样的系统中突现出来的特征,而且*没有*任何性质是附属于其任何一个组成部分的——决定系统的整体状态,并因此作为系统内个体粒子行为的一个结果。我们找到了这种现象的一些例子,在讨论突现理论的时候,这种现象经常作为"下向因果"被提及,在整个自然界中反复出现。没有什么"幽灵"或"二元论"的东西与这些现象有关:世界自然地形成这些更复杂的结构,这些结构又转而成为因果行动者主体,影响着它们所依赖的微观世界的动力学。

当我们把注意力从迄今所考察过的极其简单的系统,转移到那些在生物圈中真实遇到的系统时,系统突现特征的作用越来越明显。斯图尔特·考夫曼(Stuart Kauffman)概括了发生在自然界中的一组简单自催化。[1] 这幅复杂的草图展示了一组仅涉及四个步骤和其他 17 种化学物的反应和催化反应。

---

[1] 斯图尔特·考夫曼:《来自卡诺的低语:复杂非平衡系统中秩序和适应原则的起源》,见乔治·考恩、大卫·派恩斯、大卫·梅尔策编著:《复杂性:隐喻、模型和真实》,科罗拉多州博尔德:柏修斯图书集团 1999 年版,第 90 页。

（3）自组织

我们终于谈到通过随机涨落（random fluctuations）产生细胞间有组织行为模式的过程，这个过程的基础是自组织机制。想一想细胞状黏菌中细胞聚合和分化的过程（特别是在*盘基网柄菌*中）。当环境变得缺乏营养，一群分离的细胞加入一个含有 10^4 个细胞的黏菌团①，这团细胞状黏菌就开始循环。细胞集合开始迁移，直到它找到更丰富的营养源。然后细胞开始分化：一个柄状或者"脚"形状的细胞群从细胞集合中分离出来，带走约三分之一的细胞，之后它很快被孢子覆盖。孢子分离和蔓延，遇到适宜的营养时，孢子长大，最终形成一个新的阿米巴菌落。

我们需要注意，这种聚合过程是随机启动的。自催化随机地在菌落里的一个细胞中开始，之后那个细胞成为它周边细胞的吸引中心（吸引子）。它开始制造循环的 AMP。当较大量的 cAMP 被释放进细胞外基质时，它开始在其他细胞中催化相同的反应，放大涨落和总输出。然后那些细胞在梯度上向源细胞爬升，其他细胞依次跟随它们的 cAMP 踪迹向吸引子移动。②

在甲虫类（白蚁）幼虫中也发现了一个与此相似的随机启动过程，这个随机启动过程产生了高度适应性行为。在这个例子里，甲虫类幼虫通过释放一种信息素诱发聚合过程。它们的营养状态越高，释放度越高。然后其他幼虫沿着浓度梯度爬升。这个过程是自催化的：越多幼虫爬进一个区域，这个区域的吸引力越得到加强，直到营养源枯竭。这个过程也要依赖于幼虫的随机移动，因为如果幼虫太过分散，是不会串聚起来的。

▶▶ 3.5 **向生物学的转换**

在研究整个生物进化阶梯时，普利高津并没有遵循"有序来自无序"的

---

① 普里高津：《从混沌到有序》，第 156 页。

② 环 AMP 作为前体分子在基因转录的上调或下调过程中也起着至关重要的作用。在这种情况下，cAMP 与其他酶结合，向细胞发出信号，启动磷酸二酯酶的转录，磷酸二酯酶负责将 cAMP 转化为 amp，因此 cAMP 分解有助于抑制基因转录。参见詹姆斯·D. 沃森等：《基因的分子生物学》第 4 版，加利福尼亚州门罗帕克：本杰明/康明斯出版社 1987 年版，第 478 页；格哈德·米歇尔编：《生化途径：生物化学和分子生物学地图集》，纽约：John Wiley & Sons 出版社 1999 年版，第 131 页。

概念。但是考夫曼、古德曼（Goodman）、德迪夫（de Duve）、盖尔曼（Gell－Mann）、康威·莫里斯（Conway Morris）等思想家，21世纪初追踪了在生命系统中同样的原则所起的作用。[1] 总的来说，生物过程是那些通过从周围环境中输入大量能量从而创造和保持有序（静态）的系统的产物。这些过程的类型，在原则上，有可能是考夫曼所预见的一种"新普遍生物学"的研究对象。而这种"新普遍生物学"有可能建立在关于突现有序或自复杂化的一些'仍待定夺'的规律之上。就像生物圈本身，这些定律（如果它们确实存在的话）是突现的：它们依赖于基本的物理和化学定律，但不能被还原到那些定律。考夫曼写道：

我想说生命是复杂化学反应网络预期的、突现的性质。在相当一般的条件下，随着分子种类间的差异在一个反应系统中增加引发了一个相变，跨越这个相变，分子群共同的自催化的形成突然变得几乎不可避免。[2]

科学在生物学层次上发展出类物理学的公式化和可检验规律之前，"新普遍生物学"尽管很具有吸引力，但迄今仍然是尚未证实的假说。然而，在基因革命和环境科学的推动下，21世纪初的生物学在理解生物圈中的自组织复杂性的作用方面，已经取得爆炸性进步。在生物突现中，特别是四个因素起到了核心作用：

（1）尺度的作用

当我们沿着复杂性之梯向上走，宏观结构和宏观机制突现出来。在新结构的形成中，我们也许会说，这只不过是尺度的问题——或者，更好的说法是尺度变化的问题。自从生命形式在尺度上从分子（c.1 Angstrom）放大到神经元（c.100 micrometres）再到人类的中央神经系统（c.1 metre），大自然连续不断地进化出新结构和新机制。随着新结构不断发展，新的整体——

---

[1] 参见斯图尔特·考夫曼：《调查》，纽约：牛津大学出版社2000年版；考夫曼：《宇宙之家：对自组织和复杂性法则的探索》，纽约：牛津大学出版社1996年版；布莱恩·古德温：《豹是如何改变斑点的：复杂性的进化》，普林斯顿，新泽西州：普林斯顿大学出版社2001年版；克里斯蒂安·德·迪夫：《生命的尘埃》，纽约：基本图书出版社1995年版；默里·盖尔曼：《夸克与美洲豹：简单性与复杂性的奇遇》，纽约：W.H.Freeman & Co.出版社1994年版；西蒙·康威·莫里斯：《生命的解决方案：孤独宇宙中不可避免的人类》，剑桥：剑桥大学出版社2003年版。另见考文等：《复杂性》以及同一系列的其他作品。

[2] 参见考夫曼：《调查》第35页。

部分关系突现出来。

约翰·霍兰认为处于突现复杂性的层级结构中的不同科学,是在三个尺度量级的序列跃升中产生的。当系统达到一个点,在这个点上,系统对预测来说已经太复杂以致无法计算,我们被迫"把描述移'升一个层次'"[①]。当然,"微观规律"仍然约束着产物,但是另外的基本描述单位必须加进去。当我们沿着复杂性增长之梯向上走的时候,这种引进新解释层次的模式以周期的形式迭代。认识到这个模式就是使突现成为生物学研究的一个明显特征。然而,科学对这个周期性中的基本原理,暂时还只具有最初步的理解。

(2)反馈环的作用

反馈环(feedback loops)在生化过程中已经受到检验,而反馈环在细胞以上的层级中发挥着越来越重要的作用。例如,在植物—环境的相互作用中,我们可能追踪到相互作用的机制,每种机制都是它自身内部自催化过程的复杂结果。植物吸收、加工养分,并且向环境提供新的物质(如:氧、花粉)。环境反过来吸收、加工了那些物质,以便新资源变得可为植物所用。

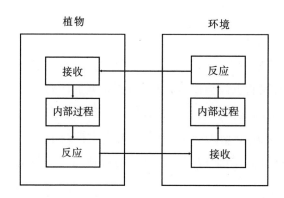

这种反馈动力学是生态理论的基础:有机体的特殊行为对它们周围的环境造成变化,环境又影响着与环境相互作用的有机体;依次地,这些有机体的复杂反应、它们自己内部变化的产物进一步改变共享的环境,并因此而影响到每个有机体个体。

---

① 霍兰:《突现》,第201页。

（3）局部—整体相互作用的作用

在复杂动力系统中，连锁反馈环能生成一个突现的整体结构。勒温（Lewin）[1]依据克里斯·朗顿（Chirs Langton）的工作提供了一个解释。

在这些例子中，"整体的性质——突现的行为——反馈去影响个体的行为……正是这些个体制造了整体的性质"（同上）。整体的结构可以具有局部组成部分所没有的性质。例如，一个生态系统经常会显示一种突现的稳定性，但是构成它的那些有机体却缺乏这种稳定性。然而，基于系统组成部分的知识，预测"源自低层级"的整体效应是不可能的，因为整体效应敏感地依赖于初始条件（在其他因素中）：在分叉点附近的细微涨落，被系统后续的状态放大。这种"下向"反馈过程的形式代表了下向因果关系的另一个实例。

系统概括了整体结构的观点。与克里斯·朗顿相反，考夫曼坚持生态系统在某种意义上"仅仅"是一个相互作用的复杂网络。还是让我们考察一下考夫曼所分析的那种有机体的典型生态系统。[2]

在研究这种类型的复杂环境系统时，我们通常需要从直接的定量方法转变到更加定性的模型。例如，在评估污染物对特殊种群、单个物种、栖息地的影响时，毒理学家把定性或"自上至下"的方法和单变量、多变量的方法结合起来，因为"在一个区域的、多重应激子的评估中，可能发生的相互作用在数量上是组合地增加的。应激子有不同来源，感受器（如：有机体）常常与不同的栖息地有关，而且一个影响能导致额外的影响。这些相互作用发生在包含自然应激子、影响和历史事件的复杂背景下"[3]。总之，特殊的研究兴趣也许会强迫研究者把注意力集中在系统的整体特征上，这是重建系统内部组成部分间相互作用必定要走的一步。朗顿强调"整体"特征，将我们的注意力引向了系统层次的特征和性质，然而考夫曼的"仅仅"强调的是，在这个过程中没有必要引进任何外部的神秘力（诸如舍尔爵克的"形态共振"）。因为这两个维度是互补的，任何一个单独维度在科学上都不充分；进

---

[1] 罗杰·卢因：《复杂性：混乱边缘的生活》第2版，芝加哥：芝加哥大学出版社1999年版，第13页。

[2] 参见考夫曼：《调查》，第191页。

[3] 韦恩·G.兰蒂斯、Ming-Ho Yu：《环境毒理学导论》第3版，纽约：刘易斯出版社2004年版，第381页。

化过程中表现出的爆炸性的复杂性,涉及系统特征与组成部分的相互作用以及组成部分间的相互作用。

(4)嵌套层级结构的作用

在局部—整体结构形成一个嵌套层级结构的例子中,加上了最后一层的复杂性。这样的层级结构经常用嵌套圈来表示。嵌套是组合爆炸的基本形式之一。这样的形式广泛地出现在自然界生物系统中,就像史蒂芬·沃尔弗拉姆(Stephen Wolfram)21世纪初在对这个主题进行大量讨论时试图去展现的那样。[①]

当有机体把离散的亚系统合并起来时,获得更大的结构复杂性,并因此增加了生存机会。与此类似,生态系统复杂到足以容纳大量离散的亚系统,证明了在回应不稳定因素时具有更大的可塑性。

▶▶ 3.6 进化中的突现

在某种意义上,进化中的突现与我们一直在考察的那些例子相似。像特伦斯·迪肯(Terrence Deacon)所注意到的那样,进化中的突现由"一些相当复杂而令人费解的过程构成,而这些过程产生了一种非常复杂的组合的新颖性"[②]。然而,另一方面,生物进化在这个多产的过程中加入了一种重要的新维度——自然史。现在,首次突现了包含"记忆"元素的因果关系行动者主体,"记忆"被细胞膜隔离出来、差不多原封不动地通过核酸传递给它们的后代。这些新结构使得每个有机体成为一种假设,一种关于哪种结构会在它们特殊环境中繁荣兴旺的猜测。迪肯评论道:"结果是较高层次规则性的特定历史片刻,或者独一无二的宏观—因果构型的特定历史片刻,能够对系统的整个因果性未来施加**一个额外累加的影响**。"[③]随着这个新层次

---

① 参见沃尔弗拉姆:《新科学》第357—360页;另参见他的索引以获得更多的嵌套示例。

② 参见特伦斯·迪肯:《出现的等级逻辑:解开进化和自组织的相互依赖》,见布鲁斯·H.韦伯和大卫·J.迪普编:《进化与学习:达尔文效应的重新考虑》,马萨诸塞州剑桥:麻省理工学院出版社2003年版,第273—308页。

③ 特伦斯·迪肯:《出现的等级逻辑:解开进化和自组织的相互依赖》,见布鲁斯·H.韦伯和大卫·J.迪普编:《进化与学习:达尔文效应的重新考虑》,剑桥:麻省理工学院出版社2003年版,第297页。

突现,自然选择产生了。

　　这节的标题标志了现代突现理论和 20 世纪早期英国突现论两条路径之间的一个关键区别。"突现进化"的标题表明,劳埃德·摩根(C. Lloyd Morgan)和其他人含蓄地主张已经发现了*一种* 新进化。难道"突现进化"没有支持摩根的突现理论(提供工具描述了一种更适当的进化的科学)这种含蓄的主张吗? 而"进化中的突现"避开了这样的主张。现在的假定是:人们必须根据现代进化理论给定的数据、原理和方法来进行工作。如果现代生物学需要被改进和被提高(甚至其最伟大的鼓吹者都相信需要这样做),那么在科学批判揭示现代生物学的解释不充分的地方——而且仅当可以获得更好的科学解释时,这样的变化就会渐渐地或迅速地出现。标准的进化理论不会因为一些人不喜欢理论的某个特征或似乎蕴含的某些含义而显得不适当。[当然,进化理论更广泛的含义实际上指什么,通常是一个哲学问题。理查德·道金斯(Richard Dawkins)因他的哲学闻名,而不是他的科学。①]

　　总之,"进化中的突现"主张,我们在进化生物学带领下组织起来的理论中,会发现那些被适当地描述成"突现"的特殊特征。这条路径希望能够阐明那些突现特征,以及说明突现的现象对理解生物圈来说如何以及为什么重要。如果这种主张能够持续,那么在自然界中寻找描述其他现象的突现特征的相似点,就有其道理。

进化理论中的转变

　　生物学突现的最好例子不是在生物学之外得来的,而是通过追踪 21 世纪初 50 年左右对进化的理解的动态变化以及进化系统研究中发生的变化而得来的。客观来说,20 世纪中叶生物学里"新综合"的主导观点是机械论的。有机体和生态系统复杂的外表和行为,最终能通过复制和变异在生化层次上得到解释。这个过程上向地决定了细胞、器官和有机体的结构和功能,然后这些结构和功能为环境所选或者与环境冲突。在这种理解的基础上,当生物学已经填写完整解释故事时,生物学将已经完成其解释任务。这

---

① 从道金斯的书名中就可以清楚地看出哲学的,甚至是形而上学倾向,《盲眼钟表匠:为什么进化的证据揭示了一个没有设计的宇宙》,纽约:诺顿 1987 年版;《魔鬼的牧师:对希望、谎言、科学和爱的反思》,波士顿:霍顿米夫林公司 2003 年版。

种完整解释故事是指,通过选择过程,从随机变异一直延续到所有生物体
21世纪初的结构、功能和行为,包括人体组织的功能和行为。即使21世纪
初的证据表明了这种模型在其主张和解释方面太过野心勃勃,但是必须说,
它依然是当今许多生物学家(常常没有说出口的)所采用的模型。

列出新综合中模型工作的核心特征并不困难。正如前面所提到的那
样,这种工作是机械论的:寻找构成有机体行为基础和解释的机制。这种工
作基于还原到物理定律的可能性假说,因此基于以物理学为中心的生物学。
尽管我们假定只根据物理学定律给出的解释将会太过复杂,以致不能解释
和预测生物学现象,我们还是假定在原则上仍有可能将生物学的核心解释
原则翻译成物理学定律。首先,生物学解释是"自下而上"的:系统必须按照
组成部分和支配组成部分行为的定律来解释;而按照它所组成的更大的系
统——当然,除非那个系统已经依次被它的组成部分和产生它的定律所解
释——来试图说明一些特别的现象将会是不科学的。

当然,对于生物学内部新综合的正统说法不是没有挑战者。正如悉
尼·布伦纳(Sydney Brenner)在1974年写道:

我们将适当时候打开一些基因和关掉其他基因说成是一件简单的事
情,并不足以回答"关于生物发展的问题"。分子生物学确实为机械论提供
了很多详细的先例,原则上可以通过这样来做,但是我们需要比那些绝对正
确、绝对空洞的陈述更多的东西。[1]

这种正统说法也不像一些人描述的那样严格:这种路径的领军人物提
出的建议与刚才总结出来的特征不相容。因此,杜布赞斯基(Dobzhansky)
一度赞成德日进(Teilhard de Chardin)的终极因果关系概念,后来逐渐被
批评到缄口不提。在这个时期,生态学者和环境科学家的描述性工作代表
了一种与主流路径的事实上的决裂。除了杜布赞斯基的质疑之外,古尔德
(Gould)和列万廷(Lewontin)1979年发表的关于适应主义的限制的著名论
文引发了对新综合路径的怀疑。[2]

---

① 引自杰森·斯科特·罗伯特:《胚胎学,表观发生和进化:认真对待发展》I,剑桥:剑
桥大学出版社2004年版,见第4章:"构成表观遗传学"。

② 斯蒂芬·J.古尔德、R.C.列万廷:《圣马可的拱肩和过分乐观的范式:对适应主义纲
领的一个批判》,载《伦敦皇家学会学报》B辑,生物科学("自然选择的适应进化"),
205(1979),581—598。

　　埃尔德里奇(Eldridge)和古尔德(Gould)的间断平衡理论,引发了一系列关于新综合主导观点的新怀疑。[1] 间断平衡理论提出通过大跳跃发生进化,之后是相对平衡和变化最小的漫长时期。这种观点和新综合在本质上不相容。但是间断平衡理论确实也提出,在没有被基因＋自然选择所占领的进化史中,经验的因果力有可能在起作用。更广泛的环境力在决定进化的整体结果中会起到主要作用,因此源自基因层级上向决定的范式必定是不完全。另外的怀疑就是关于基因工程取得的所谓主要胜利:人类基因工程的完成(HGP)。围绕 HGP 展开的大肆宣传让许多人相信它将解开个体发展之谜。然而这项工程的成就却严重地降低了这样的希望:使用略多于30000 个基因来组成的人类基因图谱,要想在人们所建议的水平上详细描绘人类的特性,简直不太可能。在这个意义上,爱德华·O.威尔逊(E.O.Wilson)的生物社会学[2]就是一个例子,过去曾期望为人类的每种遗传性质匹配一个特定的基因,但他的计划也因极少数无法预料的基因编码而遭到限制。

　　因此,这并不是迈向后成论(epigenesis)发展的一大步。后成论在 20世纪晚期并不新鲜;奥斯卡·赫特维希(Oscar Hertwig)在其 1900 年的著作《今日难题:预成论或后成论?》中为胚胎形成中的后成因素辩护,已经在威廉·冯·洪堡(Wilhelm von Humboldt)的自然哲学中发现了这个概念。当然,赫特维希的标题中所涵盖的这两个立场,没有任何一个对胚胎形成做了真实说明:真实的情况的确是,个体发展既不简单地放大一个预成型的实体,而从外部获得所有差异性的受精卵也不是完全非结构化。当今的后成论已经变成用个体有机体基因间复杂的相互作用来研究个体发展、内部环境和外部环境。过去 25 年对后成论因果要素的研究,对在胚胎形成中起作用的因果力做出了更完善的理解,超越了单纯扩展预成模型的观点。尽管将基因和后成因素结合起来是 21 世纪初生物学理论的一个基础部分,但是将生物学本身理解成是一门"仅仅自下而上"学科的观点,还没有被这股潮流完全驱逐出去。

---

① 　参见奈尔斯·埃尔德里奇、斯蒂芬·J.古尔德:《间断均衡:种系渐进主义的另一种选择》,见 T.J.M.Schopf 编:《旧石器生物学模型》,旧金山:W.H.Freeman /Cooper 出版社 1972 年版。

② 　参见 E.O.威尔逊:《社会生物学:新的综合》,剑桥:哈佛大学出版社 1975 年版。

重新聚焦后成论的副产品之一,就是在生物学发展中取得一系列新突破。现在已经清楚,基因控制过程不能完全解释个体发育的经验事实。个体有机体的发展涉及多个层级功能系统的突现以及它们之间的相互作用。然而,如果基因的因果关系只是这个解释的一部分,为什么尽管在极不相同的环境可能影响个体发育的情况下,会发育出功能相似的成年有机体? 过去基因预成论与后成论之间的讨论,已被一个关于发展的新"相互作用者共识"所取代。这种新观点,像罗伯特(Robert)所写的那样,"既非基因也非环境,既非先天也非后天,对表型的产生来说是充分的。"[1]以下是 21 世纪初被广泛接受的"新交互作用论"的核心前提:基因和经验一起,在它们持续的相互作用中,对从细胞到灵长类的生命有机体的结构、功能和行为造成影响。基因是 20 世纪中期预设的单线性因果解释:"基因组,或单个的 DNA 分子链——系统的替补——不能在脱离自然环境的情况下存在,只在实验室纯粹人造的环境中存在;此外,……有相当好的理由让我们相信,甚至 DNA 分子链(更不用说功能)也不能脱离它们的有机体环境去理解"。(罗伯特:《胚胎学》,第 4 页)例如,在环境和细胞内的因素中,多种方式影响基准细胞转录和翻译 DNA 的过程。[2]

甚至最新的交互作用论都以响亮的"两者都有"来回答"先天还是后天"的古老哲学问题! 这只是巨大科学研究计划的开端。在生物学上,问题并不是环境因素是否对基因表达造成影响——已经确定环境有能力打开或关闭基因——而是这个过程究竟如何运行,才能在有机体中产生复杂行为。[3]例如,环境因素在改变转座子中起了重要作用,然后通过将随机变量引进基因序列,影响了细胞的减数分裂和配子形成,制造了"基因漂移"。布坎南(Buchanan)等人写道:

---

① 罗伯特:《胚胎学》,第 2 页。
② 参见沃森等:《分子生物学》,第 519—522 页。这些表观遗传效应包括 DNA 转录修饰和/或激活/抑制、mRNA 修饰、tRNA 修饰或遗传切除(将基因切割成部分)。大多数涉及多个独立的酶过程的作用,这些过程需要其他催化酶的活性以及它们自己的遗传控制。米歇尔:《生化途径》,第 150 页,列出了人类基因组中 10 种不同的抑制因子和启动因子,它们对环境条件起反应作用。
③ 参见马特·里德利:《先天与后天:基因、经验和什么使我们成为人类》,纽约:哈珀柯林斯出版社 2003 年版,以及凯文·N.拉兰:《新互动主义》,载《科学》300(2003 年 6月 20 日),1879—80。

资料显示,发展的和可能的环境信号影响了置换,置换也许在基因表达暂时的空间模型中起了作用。它们不太可能作为简单外来序列而存在。相反,它们也许起了一个基因组的补充物的作用,以提高这个基因组的多样性和适应性。[1]

虽然哲学家们的哪种(如果当中一种)突现理论正确描述了这个过程还颇有争议,但是很明显,突现框架比其他任何方案更好地描述了 21 世纪初的理论图景。

发展生物学家们几乎一致认为,发展分层次、以结构的突现为特征、从胚胎较低层级(如,基因的)性质中突现出来的过程,也不能完全预测(更不用说可解释)……因此,发展生物学家们支持一种物理主义的反还原论,提供了一种方法论建议:为了不漏掉微观层次、中间层次和宏观层次的关键特征,我们必须对个体发育进行多层次的调查。(罗伯特:《胚胎学》,第 14页)。

系统生物学

出现在生物系统中的部分与整体间的相互作用,反映了我们在化学过程中观察到的突现的特征。然而在某种程度上,生态系统和有机体的进化证明了一个"组合爆炸"和刚才总结过的四种因素,突现的整体因果作用极大地得到了强调。自然系统由相互作用的复杂系统组成,而且形成一个多层级的相互依赖的网络[2],每个层级都对总体的解释贡献了自己独特的元素。因此,按照简单规律来解释整个生命系统的期望,现在看来像是一种唐吉诃德式的幻想。

生物学的新系统进路,遗传学的连体双生子,已经开始构建生命"复杂性金字塔"[3]的关键特征。系统生物学家们将细胞解释成基因和蛋白质的

---

① 鲍勃·布坎南、威尔海姆·格鲁塞姆、拉塞尔·琼斯:《植物的生物化学和分子生物学》,新萨默塞特:John Wiley & Sons 出版社 2000 年版,第 337 页。

② 参见尼尔斯·亨里克·格雷格森编著:《从人类设计到自组织的复杂性》,载《复杂性到生命:生命和意义的出现》,牛津:牛津大学出版社 2003 年版。

③ 奥特瓦、艾伯特·拉斯洛·巴拉巴西:《生命的复杂性金字塔》,载《科学》298(2002),763—764;要了解更普及的演示,参见艾伯特·拉斯洛·巴拉巴西:《网络的新科学》,剑桥:柏修斯出版社 2002 年版。

网络,区分了四个独特的层次:(1)基本功能组织(基因组、转录组、蛋白质组和新陈代谢组);(2)基于这些成分建立的代谢途径;(3)负责细胞主要功能的较大功能模组;(4)从功能模组嵌套中产生出来的大组织。奥特瓦(Oltvai)和巴拉巴西(Barabási)总结道:"不同组织层次的整合,日益迫使我们将细胞的功能视作是分散在很多组异质组份中的,这些异质组份全都在大网络内相互作用。"米洛(Milo)等人21世纪初已经表明,在像生物化学、神经生物和生态学具有多样性的领域里的复杂网络中,出现了一组共同的"网络主题"(networkmotifs)。他们指出:"相似的主题在执行信息处理的网络中被发现,尽管它们描述要素之间的差异就像细胞中的生物分子和秀丽隐杆线虫神经元间的类神经连接之间的差异一样。"①

"神经生物学",约十年前经常被吹捧为一个单独的进路,现在似乎已经被合并进系统生物学的理论框架之中。②至少人们不会在《自然与科学》上发现将信息理论当作是生物学的一个单独分支的论文;基因、细胞和其他系统的信息内容,自然地被当作那些系统内在的组成部分来研究。因此,西雅图华盛顿大学系统生物学研究所主席乐华·胡德(Leroy Hood)强调,整合许多不同类型的信息,包括从DNA到基因表达再到蛋白质以及蛋白质之外,是系统生物学的关键部分。生物系统的研究"是全面的、由假设和发现所驱动的、定量的、综合的……而且它是迭代的……如果你只研究DNA阵列的结果,你不是在做系统生物学"③。在本书第二章中,我将不可还原的

---

① R.米洛等:《网络母题:复杂网络的简单构件》,载《科学》298(2002),824—827。

② 参见休伯特·约克:《信息论与分子生物学》,剑桥:剑桥大学出版社1992年版。这并不是说关于生物信息本质的讨论变得不那么重要。有关21世纪初讨论的例子,见沃纳·洛文斯坦:《生命的试金石:分子信息、细胞通讯和生命的基础》,纽约:牛津大学出版社1999年版;迈克·霍尔科姆和雷·帕顿编:《细胞和组织中的信息处理》,纽约:全会出版社1998年版;苏珊:《信息的个体发育:发展系统与进化》第2版,达勒姆:杜克大学出版社2000年版;罗兰·巴德利、彼得·汉考克、彼得·福尔迪亚克编:《信息理论和大脑》,剑桥:剑桥大学出版社2000年版。

③ 米尼翁·福格蒂:《系统生物学有支持者和攻击者》,《科学家》2003年10月6日,http://www.the—scientist.com/yr2003/oct/ research3_031006.html,2004年1月20日验证。胡德谈到了所有这些人,他们说他们已经研究系统生物学很多年了。从某种意义上说,这是正确的:生物学研究已经在技术允许的范围内全球化了。但是,胡德抱怨说,许多声称已经完成了系统生物学的研究人员,实际上已经仔细研究了少量基因之间的相互作用,或者他们已经使用阵列广泛地研究了基因或蛋白质等一维信息。

规律和因果结构的存在,认定为自然界中各个层级各自的主要标准。现在人们或许会在标准的清单上加上*信息编译*、*信息储存和信息检索*三个独特的层级。

当我们分析生物学中 21 世纪初的发展时,很容易陷入过分简单化或者必胜主义者的判断,从而使系统生物学这门羽翼未丰的新学科被某些人吹捧为生物学中整体论的一个胜利。毕竟,人们还在争议:难道系统理论在理解经验系统时发挥的关键作用,没有结束生物学中自下而上的解释吗?基于基因的解释在本该是取得最伟大胜利(为人类基因组描图)的时刻却轰然倒塌?但这并不完全正确。的确,系统生物学解释的胜利宣布了这样一种主张的结束:所有结果和行为,都是从已确定的全部基因材料中"自下向上"地派生出来。然而系统生物学事实上是微观生物学革命的一个*产物*,并不是其替代品。只有通过理解基因对细胞功能的影响,生物学家才能进展到一个系统的角度。毫不令人惊讶地,结果是基因被生化反应激活形成信号通路,然后组织成网络或通路。一个适当的细胞生物学需要能理解包括上向和下向的复杂运动:不仅要知道基因如何发动细胞间的信号通道,而且要知道通道和通道网络的动力学反而在基因表达中怎样起因果作用。

我认为,将复杂的细胞和细胞间行为理解为上向和下向影响力联合作用的产物,这是一种关于自然界中下向因果的作用重要洞见。关于自然界的标准物理学模型,是被称为"物理主义"教条的基础,其强调组成部分在构建更大对象行为中的作用。我们观察到的宏观模型,被解释成微观规律基于大量组成部分运行所造成的结果,而且结果聚集的动力学被重建为组成部分的动力学的产物。系统理论削弱了这种物理主义模型的下向还原的影响。因为基于系统的解释分析了系统的系统动力学的突现,反对特权化"真正现象"和"真正因果"的某些最终基本层次。如卡塞特(Csete)和多伊尔(Doyle)写道"在[生物学和先进技术]两个领域中,趋同进化产生了模块式架构,而这种架构由协议(protocols)的精细层次和反馈调节的层次组成。"[①]在这个意义上,系统理论是生物学家的一个自然同盟。对于标准模

① 玛丽·E.卡塞特、约翰·C.多伊尔:《生物复杂性的逆向工程》,载《科学》295(2002 年 3 月 1 日),1664—9,第 1664 页。

式的物理学来说,目标是将复杂结构解构成最小的可能部分;而与生物学相比,并不那么强调层级之间不可还原的多重结构层次。相反,生物学进化内在地是关于高层级结构的——有机体——尽管有机体凭自身的因素存在,但也是由无数其他生物结构:器官、细胞、病毒和细菌等组成,(或包含了它们)。在生物学中,"公平对待资料"要求人们在不将资料还原的情况下,描绘和解释这些相互作用的结构。

鉴于这项任务以及生物圈的性质,我们自然地会认为一个有机体是一个系统,它自身由一系列相互作用的系统组成,而这些系统本身又是由系统的系统组成,等等。生物科学家试图重建这些连锁系统的动力学,以及寻找最适当的解释工具和概念去综合理解这些系统的进化历史和行为。因为生存和繁殖是生物学的关键目的,系统和有机体的鲁棒性就变成一个关键的解释范畴。卡塞特和多伊尔将鲁棒性定义为"尽管组成部分或环境中存在不确定性,仍然维持某些特性"。("生物复杂性的逆向工程",《科学》,第1663—1664页)系统生物学家已能表明模块化设计——一个足够完整、自身能发挥系统功能的系统的亚组成部分——如何有助于鲁棒性。模块通过**协议**(protocols)的方式连接,**协议**是"为平衡和有效地管理关系和过程而设计出来的规则"。(《科学》,第1666页)基因调控、共价修饰、膜电位、新陈代谢和信号传导通路、动作电位和DNA复制都可以被认为是通过这种方式的协议,发挥功能作用。例如,DNA调控网络与其他同样复杂的系统一起运行,以在细胞和细胞系统的层次上控制功能。这里不存在拉普拉斯诱惑(Laplaciantemptation):"甚至来自第一阶段的模型,都仅仅只陈述发生在"系统"每个节点间的相互作用",戴维森(Davidson)等人写道:"那里突现的系统性质只能在网络层次上来加以感知。"[①]

网络论提供了多种特别的工具来理解系统的动力学。[②] 当计算机绘制和模型化了复杂的网络拓扑学,对网络模型的分析揭示了无尺度性(不管系统大小都具有的性质)。据巴拉巴西和阿尔伯特所说,这个事实"表明了大

---

① 玛丽·E.克塞特、约翰·C.多伊尔:《生物复杂性的逆向工程》,载《科学》295(2002年3月1日),1664—1669,第1664页。

② 在很多方面,网络理论已经取代了旧的等级理论;参见霍华德·H.帕蒂编:《层次理论:复杂系统的挑战》,纽约:乔治·布拉齐勒出版社1973年版。

型网络的发展受那些超越了系统个体性质的强健的自组织现象支配。① 同样的自组织原则适用于从分子生物学到计算机科学范围内的现象;它们已经被用来模拟各种动态网络:万维网、学术出版和"学术群体,这些最高点是个体或机构,边界是之间的社会相互作用的网络"。(《科学》,第 510 页)

尽管这个解释框架有明显的能力解释广泛而多样的自然现象,人们多少还是应该谨慎对待最初结果。系统生物学还处于它的幼年时期;生物彼此之间的联系极其复杂,需求昂贵的跨学科研究群体去发现,而且所涉及的系统复杂性使得研究者做出完整预测不太可能。连卡塞特和多伊尔都承认,模型化生物学系统涉及"多重反馈信号、组成部分的非线性动力学、无数不确定参数、随机噪声模型、寄生动态和其他不确定模型"。(《科学》,第 1668 页)尽管如此,作为一个理论观点,系统生物学为细胞和有机体的功能提供了迄今可以获得的最精致解释。像北野(Kitano)所注意到的那样:"在生物学中,正在发生一场从分子水平到系统水平的转变,这种转变承诺将革命我们对复杂的生物学调节系统的理解,而且这种转变为相关知识的实际应用提供主要的新机会。"②北野宏明坚持,在系统水平上理解生物学,"我们必须检验细胞和有机体功能的动力学,而不是孤立地检验细胞或有机体组成部分的特性"。

▶▶ 3.7 通向突现论的生物学哲学

在上述篇章里,我已经追溯了整个自然科学中复杂性增长的各种例子。传导性的突现、细胞结构的突现和觅食行为的突现都不相同;这三个例子不能归结到同一条覆盖律。我们仍然发现了令人惊奇的家族相似性连接着各种类型的例子。然而,随着前面两章探讨的概念特征在大量的经验学科中得以应用,日益增长的证据显示:突现代表了一种富有哲学(元—科学)成效

---

① 艾伯特·拉斯洛·巴拉巴西、雷卡·艾伯特:《随机网络中缩放的出现》,载《科学》286(1999 年 10 月 15 日),509—512,第 509 页。

② 北野宏明:《系统生物学:简要概述》,载《科学》295(2002 年 3 月 1 日),1662—1664。另见北野宏明:《系统生物学基础》,剑桥:麻省理工学院出版社 2001 年版。

的、比较自然界中不同领域间关系的框架。① 按照这幅图景，同一个世界在不同层次上陈列了不同类型的规律或性质，而且不同类型的因果关系在不同的层次中起作用。正如尼尔·坎贝尔(Neil Campbell)提到的那样，

随着在生物学有序的层次中每向上跨一步，那些在有机体较简单层次中没有出现过的新性质就会突现。这些突现的性质是由于组成部分间的相互作用而产生的……组成部分如何排列和相互间怎样作用，决定了有组织事物的独特性质……[我]们通过把较高层级的组织拆分到它的组成部分不能对它做出完整解释。②

在某种程度上，科学天生反对种类上的差异。对诸如"化学不能解释生活"或者"思维在质上不同于大脑"之类的主张，科学的回答是："好吧，让我们找出来。看看按照系统的组成部分来说明高层次模型，我们能去到多远。"哲学家和科学家之间的许多紧张关系都可以回溯到这个事实。面对生命不同于非生命、思维不同于非思维的资料，哲学家们致力于为存在的三个层次间的区别给出适当的概念描述。而面对生命结构的突现，科学家们则试图重建生命如何从非生命物质中形成——理想的情况是，通过揭示诸如此类的规律，给定初始条件和足够时间，活细胞的形成就是不可避免的。③鉴于这两种不同目标，生物学哲学被认为是两个领域间展开的一场真诚的对话，这是一项艰难的事业。

生物学和哲学间成功的对话，需要人们从生物学开始，像我们已做的那样；只有当事实呈献在桌面上，人们才能够去反思它们的哲学意义。因此，例如生物圈中是否存在大量的独特层次，而且层次之间充满细微的渐变，或者是否只存在少量的基本层级，对经验研究来说是一个重要问题。然而，生物学引发的概念上的或是哲学上的问题，对生物学家来说并不是完全无趣。生命系统的本质无疑属于这个范畴。

---

① 克莱顿感谢史蒂文·纳普的讨论，他的讨论影响了克莱顿的论点和下面的一些公式。

② 尼尔·坎贝尔：《生物学》，红木城：本杰明·卡明斯出版社 1991 年版，第 2—3 页；《混乱与复杂性》，梵蒂冈城：梵蒂冈天文台出版物 1995 年版，第 362 页。埃利斯评论道："事实上，这种不同层次的描述不仅是允许的，而且是为了理解正在发生的事情所必需的。"

③ 参见大卫·W.迪莫、盖尔·R.弗莱施克：《生命的起源：中心概念》，波士顿：琼斯和巴特利出版社 1994 年版。

系统和实体：生物学中解释的整体—部分结构

21世纪初几年，不幸的情况是，分子生物学中的知识爆炸已经导致所有的生物学都被涂上还原主义的色彩。人们在解释有机体以及生命系统中的行为时，通过对有机体与环境之间相互作用的敏锐观察，平衡了揭示遗传机制的动力。对生物学现象做完全适当的解释，需要自下而上与自上而下的持续相互作用的说明。基因型与环境相互作用产生了表型（phenotypes）、特定的有机物；但是到最后，正是表型的命运决定了基因的命运。

有机体对各种各样的内部和外部刺激，展示了新颖的个体反应。我们只能依照有机体与环境间的相互作用来描述行为反应。因为这些行为不能用物理学术语来定义，所以不能保证说它们是物理决定论的。在关于表型的文本中，罗洛（Rollo）坚持"正是生物学系统的整合对进化成功来说最至关紧要，（以及）与此最相关的方面是亚组成部分中的相互作用……关于整体论和有组织进化的强调，产生了不能从一个基因的、还原论者的视角推导出来的有趣观点"。① 只有更高层次的研究能够解释为什么豆娘颜色鲜艳、为什么总督蝶看起来像君主、为什么蟋蟀会唱歌以及为什么刺槐会长空心刺。（《科学》，第13页）存在有性繁殖的机制，是因为环境和表型差异之间的相互作用极大地提高了环境自上下向对单个物种进化的影响。（《表型：表观遗传学、生态学和进化》，第144—162页）诸如外表、气味和配对机会，更不必说有机体所体验到的欲望等整体因素，是性选择的驱动力。

但是有性繁殖只是围绕表型灵活性展开生物学解释的一个例子。有机体中的变种，在生态位变异和在对环境诱因（也许有成千上万种）的反应中起到了一种关键作用。人们一定会得出这样的结论：

有机体是高度复杂的系统，以组成部分间错综复杂的相互作用为特征，其特性与子系统间的整合非常具体明确（如，一个组份发送的精确信号，被协同适应系统中的其他组份接收并以特定的方式得到解释），而且这个整合本身是自然选择的一个首要目标。正如汤普森（Thompson）所说，尽管相

————————

① C.大卫·罗洛：《表型：表观遗传学、生态学和进化》，伦敦：查普曼和霍尔出版社1995年版，第397—398页。

互作用不可触摸,它也必须被认为是像形态学一样实在的进化的产物。(《表型:表观遗传学、生态学和进化》,第6页)

在生物学解释中,有机体不仅是不能被还原的单元,反过来也不能抽离它们所处的环境来考查它们。有机体的静态概念实际上是一种虚构;有机体处于持续不断的流变中以适应环境的刺激和努力保持体内平衡。① 生态系统,就它们自身而言,由"一组相互连接的、不同尺度的过程"组成。② 像细胞生物学中最基础的系统一样,生态系统作为协调因素来发挥功能,变量间的相互关系足够复杂,使得它们必须被作为质的单元、而不是因素的**集合**来加以对待。如艾伦(Allen)和胡克斯特拉(Hoekstra)在《通向统一生态学》中所写的那样,"生态系统的概念非常丰富,远不只是一些气象学、土壤和动物,再加上植物"③。

久而久之,与自身环境连接在一起的有机体将以高度协调的方式进化,比如在达尔文的芬奇鸟案例中,它们的喙、羽毛和颜色都适应加拉帕戈斯群岛特别的生态位环境。④ 有时物种形成戏剧性的结果源于共同进化的同一种力量。⑤ 不妨考查一下著名的科罗拉大峡谷穗状耳松鼠进化的例子。由于地质裂缝的大小,"随着时间流逝,穗状耳松鼠进化出两种不同的种类(大峡谷北缘海拔约7500英尺,气候较湿润,分布着传统的北美黄松;南缘海拔约5500英尺,气候较干燥,分布着矮杜松),例如它们的形态、饮食习惯、繁殖模式和外表完全不同。"⑥在其他例子中,"关键物种"可以彻底改变它们自身的生态系统,如影响草原物种密度和比例的老鼠或者没有重要天敌的

① 参见J.贝尔德·卡里科特:《从自然的平衡到自然的流动》,见理查德·L.赖特、苏珊娜·里德尔编:《阿尔多·利奥波德和生态良心》,牛津:牛津大学出版社2002年版,第90—105页。
② T.F.H.艾伦、T.W.胡克斯特拉:《走向统一生态》,纽约:哥伦比亚大学出版社1992年版,第98—100页。引自卡利科特:《自然的平衡》,第101页。
③ 卡利科特:《自然的平衡》,第101页。
④ 参见埃弗雷特·奥尔森、简·罗宾逊:《进化的概念》,哥伦布:查尔斯·E.梅丽尔出版社1975年版,第138—140页。曼彻斯特飞蛾(第148—150页)是一个同样著名的例子。
⑤ 安德鲁·考克本:《进化生态学导论》,牛津:Black-well科学出版社1991年版,第234—246页。
⑥ 扎卡里·辛普森,源于个人交流。辛普森指出,大多数生态学家认为自然是"一个具有多个渐进和不可约变量的随机系统,这些变量共同构成了一个大于部分的整体"。

鹿,能够严重影响当地松林饲料的密度。① 这些影响并不局限于改变其他物种:鲤鱼实实在在地改变一条河流的物理特征,**现代人**能够将生态系统变得面目全非。

即使这几个简单的例子,也足以传达一种以生物学的更广泛研究为特征的解释模式。每个动物行为学家和野外生物学家都面对极其复杂、相互关联的系统,而且她必须定性和整体地来描述它们可见的因果相互作用。当她使用能获得的最精确的机制和预报器去观察一个系统,她的目标变成模拟这些系统。忽视实际的相互作用单元并不会带来成功,不断在自下而上的机制和对实际行为自上而下的描述中来回考查,才会导向成功。有机体并不仅仅是较低层次影响力的简写;如强突现论所主张的那样,它们是独立具有因果力的。最后,只有当人们已经能够把各种层次的解释,融合进一种关于生物世界单一整合的说明,才达到了解释的目标。

生物学中的目的

在生物圈中,从物理成分突现而出的复杂性呈现出不可思议的增长。生命形式吸收物理能量并用其来构建复杂的结构:DNA 链、细胞壁、神经纤维、眼睛、大脑。这些结构反过来成为行动者主体,在它们与环境的相互作用中实现复杂的行为。尽管热力学第二定律最终会取得胜利——宇宙最终结果是熵增——但是生命原则向着相反的方向起作用,在通向热力学平衡的整个进程中,生命主要起到抵消熵增的作用。这个事实对我们的计划来说意义重大,因为一个熵减(抵抗熵增)的过程是一个能实现**有序增加**的过程,反之,(热力学)经典过程导致更大的无序。自我再生或者"自我形成"的过程,允许系统按照过去的状态创造自身,这是自然机制(在有序中产生指数级别的增长)的戏剧性例子。②

① 更多的例子见恩斯特·德特莱夫·舒尔茨、哈罗德·A.穆尼编:《生物多样性和生态系统功能》,柏林:斯普林格—维拉格出版社 1994 年版,第 237—247 页。

② 参见米兰·泽莱尼编:《自创生:耗散结构和自发的社会秩序》,博尔德:西景出版社 1980 年版;约翰·明格斯:《自我生产系统:自创生的含义和应用》,纽约:全会出版社 1995 年版;亨伯托·马图拉纳:《自创生与认知:生活的实现》,Dordrecht:D. Reidel, 1980。另见尼尔斯·亨利克·格雷格森:《创造的概念和自创生过程的理论》, Zygon,33(1998),333—368;格雷格森:《自创生:少于自构成,多于自组织:回复吉尔基,麦克莱伦和德尔泰特,以及布伦》,Zygon,34(1999),117—138。

此外,当生物体自身内部发生变化,变得富于产生复杂行为,而且特别是当它们增强了有机体生存和繁殖的预期,我们就说这些是有目的的行为。

生物进化不能将目的当作一个包罗万象的解释范畴;人们不会说,进化是如此带有目的。一个神学家可以说,如果她希望(当然不是作为一个生物学陈述)存在一个上帝,一个超自然的有目的的行动者主体,其为整个自然史带来了目的。但是我们不能说**自然本身**具有这样的目的——至少在不否定生物科学基本原理的情况下没有这样的目的。为什么?生物学不能明确地将有意识的目的引入进化过程,这是因为生物学的本体论不包含任何实体(在那些进化过程中很晚出现的较高级灵长类动物之前),而这些实体关涉存在生物学原因去假定有意识的行为。但是这并不妨碍将**原始目的性**归于生物行动体。我们可以称它为一种突现和有机体的行为中**无目的的目的性**理论。① 有机体的行为代表了介于化学突现的非目的性与意识主体完全有意图的目的性行为之间的一个中间实例。更准确地说,我们应该说介于化学层次和意识层次间的一系列不断的中间实例,而不是一个中间实例。原始生物并没有以一个有意图行动者主体所使用的方式去有意识地实现目的。但是一个有机体(器官、细胞、生态系统)的各组成部分为了它的生存而一起工作。生长、养成和繁殖功能**导致**有机体的生存机会、从而使它的基因型的生存机会最大化。

最后,在一个进化的层次,自然界的实体变得能够按照明确的意识目的来行动。渐渐地,又突现出有意识的人类,尽管也会超越物理定律,但也以完全符合物理定律的方式,能够被其他有意识的生命影响,也能影响其他有意识的生命。这种进化的成就,栖于无数渐进发展的肩膀之上,如同精确呈现一个视域的眼睛是基于之前无数不同类型的热和光传感器一样。因此,我们所了解的在人类经验的"心智"及其相互作用,有其重要的先驱者,它们存在于动物对周边环境的感知中,尤其存在于动物(像其他一些较高级灵长

① 人们越来越发现,理论家们在解释动物行为时毫不避讳地援引目的范畴。参见科林·艾伦、马克·贝科夫、乔治·劳德编著:《自然的目的:生物学中的功能和设计分析》,剑桥:麻省理工学院出版社 1998 年版,迈克尔·丹顿:《自然的命运:生物学定律如何揭示宇宙的目的》,纽约:自由出版社 1998 年版。参见迈克尔·鲁斯:《达尔文和设计:进化有目的吗?》,剑桥:哈佛大学出版社 2003 年版,指出目的不能归因于进化本身,而只能归因于生物世界中的生物体。

类动物那样)初步觉知到其他动物时的表现中(称之为原始心理)①。这同样适用于人类几乎其他每一种能力:每一种能力都预演过,如果你愿意,尝试拟定草稿并且通过环境的反馈锤炼这种能力。当灵长类动物发展得越来越复杂,中央神经系统为了回应环境,也逐渐发展出在生物圈中无与伦比的能力。

如果我们将这种解释贯彻始终,我们就可以将人类的思想和意图、人类的符号互动,作为经验和行为的一个真正的新层次。然而,像生物圈内的前人类活动形式一样,人类的思想也受到物理规律和生物驱动力的准意图层次的制约。有机体生存斗争是人类思想进化前史的一部分,各种各样的有机体生存斗争形式决定了人类思想在有机体内的位置,人类思想就这样不仅通过它与人类大脑状态的紧密相关,而且通过它在一个有机体内的位置,远不再简单地等同于"纯粹精神"。这些不同的驱动力和冲动的痕迹,依然保留在我们无意识的条件反射、我们的免疫和脑边缘系统中、身体的荷尔蒙调节中和我们大脑每个突触释放和吸收神经递质和抑制剂中。起源的许多复杂历史反映在人类 DNA 中,DNA 既作为关于我们怎样到达这里的一个历史概览,也作为一个恒常的提示:人类的每种能力都建立在我们祖先不那么先进的生物能力的基础之上。

于是,自然历史——极其不同的生命形式包括从原始细胞到较高级灵长类中央神经系统的巨大复杂性——所教给我们的是,哲学家们从柏拉图到笛卡尔(和许多宗教传统)都错了:在心智与物质间并不存在绝对的分界线。人类的认知行为、目的和目标在早期有机体的准目的性行为中可以预见得到。现在看来,二元论是一种平原哲学,它漠视自然历史提供的理解的深度。它还证明了物理主义者优先对待物理学理论框架同样是错误的。他们的错误也是二元论者无视自然历史的镜像。如果说二元论者们过分强调人类认知的特殊性,那么物理主义者们一开始就没有承认人类认知是一个独特的解释范畴。

从生物学哲学的立场来看,突现论代表了物理主义和二元论之间的**第三条道路**。突现论呈现了一幅与物理主义和二元论都不相同的图景。随着

---

① 有关概要,参见约翰·卡特莱特:《进化与人类行为》,剑桥:麻省理工学院出版社 2000 年版。

新的实体连续不断地在生物圈中进化出来,这些实体日益表现出不可能从早期发展阶段的角度预测的新功能方式。在这里,我们得到的教训是*渐进主义*:熵减(抵抗熵增)的生命系统显示了在更简单的系统中找不到有目的行动,然后逐步显现出更复杂的内部反馈环和较高程度的自我监控。随着复杂性日益增加,动物中央神经系统有能力容纳对周围环境的更复杂的内部表征,到一定程度时,关于他心的一种原始的内部理论开始进化出来。[1]不久之后,符号和表征内在化的世界即意识突现出来。

当然,人们也许希望按照一种关于心智因果和主体的更强健的说明来谈论人的思想;我将在下一章讨论这个问题。不论发生何种情况,突现的生物学提出一个告诫,在这里必须强调一下:如果不可还原的心理因果存在,那么只有用发展故事情节的表述才能对它有完整的理解。这些发展故事情节的表述包括:物理定律的作用、生物驱动力和在更复杂有机体中日益增加的自发性行为——我们与其他动物共有的、也是把我们与动物区分开来的那些特征。让我用另外的方式来阐明这一点:当进化继续进行,有机体开始享有一个选择纬度,这使它们日益从非生命系统中分化出来。当有机体生长得越来越复杂,它们显现出更高频率和更复杂的自发性行为,到一定程度时,人们最终必将承认有机体已经具有不同的质了。人类决策的形成证明了这种选择的范围和特性,这种选择以一种方式,即从那个发展阶段进化出来既连续又间断的方式。在这方面,人类"心智"可以被看作是进化景观中的一个孤立的峰值,正如在许多其他方面一样[2]——从进化景观下面的山麓小丘中升起,却明显地高于周围进化中的其他事物。

关于质的区别的讨论很热烈,部分原因是生物学家和哲学家学科领域的不同,这点在上面已有所提及。因此,批评者常常辩护,复杂性合成——或许呈现网络的系统—层级特征形式,节点本身即为复杂系统——仅仅表征复杂性在*量*上的增加,当中没有任何东西是"真正新的"突现。这就是经常被称为"弱突现"的观点;约翰·霍兰和斯蒂芬·沃夫曼为这个观点做了巧妙的辩护,我已在前面讨论考查过他们的观点。

---

[1] 有关概要,参见约翰·卡特莱特:《进化与人类行为》,剑桥:麻省理工学院出版社2000年版。

[2] 人类的精神和情感经验被自然法则和生物驱力的条件所隔离,也许也被人类的自由行为所隔离。

然而,正如莱昂·卡斯(Leon Kass)在进化生物学语境中提到的,达尔文从未想过"某种程度的差异——自然地产生,逐渐积累(甚至递增地),并且连续不断在后代中遗传——也许导致了种类的不同……"①

▶▶　**结 论**

在上述篇章里,我已经为自然科学王国中的突现提出理由和论证。当复杂系统自然的合成过程导致不可还原的复杂系统产生,随之产生的还有属于这个新系统自身的结构、规律和因果机制,那么,人们就证明了还原物理主义的解释将是不充分的。自然界中突现系统的例子表明了,微观物理学的资源,甚至在原则上都不能为这些现象提供一个充分的解释框架。

我们发现科学例子既支持弱突现论也支持强突现论。支持强突现论的例子是那些在其中谈论整体—对—部分或系统的因果关系具有意义的例子。相反,在那些规律允许将突现系统解释还原到它的子系统(在模拟系统中,通过算法;在自然系统中,通过"桥接原理")的例子中,弱突现解释就足够了。

鉴于一开始就提到过的原因,如果资料中立于两者之间,科学家会更喜欢弱突现论而不是强突现论。当有些例子的资料不能通过被动的整体—部分的约束模型得以充分描述时,而这种约束模型与积极的因果影响截然相反,强突现论才变得突出。在这些实例中,特别是在那些我们有理由认为,用如此低层次的规律在原则上不可能解释的实例中,强突现论解释会更受欢迎。至少在这里检验过的一些实例中情况如此。

我接下来转向了心理事件和心智属性,将它们放在与生物系统(心理事件和心智属性从中而来)的关系中进行检验。我之所以探讨心理事件和心智属性,是因为这些例子甚至比生物学例子更强迫人们去使用强突现解释。因此,强突现——也即,附随着心智因果关系的突现——代表着对心身问题最可行的回应。强突现的优点在于保留了关于心智因果关系的常识直觉,

---

① 莱昂·卡斯:《饥饿的灵魂:饮食与我们天性的完善》,芝加哥:芝加哥大学出版社1999年版,第62页。

从而使作为世界中的行动者主体与我们每天的经验相一致。而且,没有因果力的心理事件的进化在进化史中将代表一个不可接受的异常:如果*感受性*或者经验性质不能发挥因果作用,为什么要消耗有机体的珍贵资源去制造它们? 副现象论毫无进化意义。

因此,在此章中描述过的边界案例,我们应该在下章讨论的基础上再给予重新考虑。这样使得整个论证中的两个部分相互依存,并且确实是在两个方向上相互依存。心智因果关系的强突现,为承认某些生物现象案例中的强诠释提供了额外的推动力。同时,我在这些篇章里讲述过的进化的故事,必须为心智哲学家描绘出解释的范围。我们作出结论,还原物理主义和二元论两者皆错,其错误在于坚持心智通过一个进化过程而突现。然而,撇开这个过程的细节,新颖的心智事件或将永远得不到完全的理解。

第 4 章
突现与心智

▶▶ **4.1 来自生物学的转变**

我们不首先考察产生大脑的那段进化史,就不可能对心智与大脑之间的关系进行反思。或者说,这当然是可能的,因为许多作者撰写的心智哲学论文就没有考虑进化论。一个二元论者很有可能推断出她无须考虑进化论,因为,不管大脑是如何形成的,思想在质上是与大脑不同的东西,仅仅是偶然地(至多)依赖于大脑状态。严格说来,物理主义哲学家也可能认为可以省略掉进化史,因为大脑作为一个生物系统,对他们而言这些细节只是偶尔的兴趣;最终重要的是,从大脑的基本微观物理学定律和过程出发向上完成理解的结构。

于是,我应该更准确地说:如果不同时对进化史中其他的突现结构的话题进行探讨的话,没有可能撰写关于心脑关系的**突现**理论,突现理论被认为是与二元论和物理主义都不同的一种观点。如果某人认为思维是唯一不能还原为自然界中已突现出来的物理因果力,那么他应该是个二元论者;如果某人认为世界上没有突现的因果力,它依然是个物理主义者。总之,突现论者论点的特性在于其主张:自然界显示出各种层级,在每个层级上都有可识别的不同类型的定律和因果关系。因此本章的论证依赖于前面几页中所举案例的成功。理解心智与大脑的关系——在意识与其神经相关物之间——需要理解自然界的多层级结构。从这一观点来看,心理因果的出现,在某种意义上,只是突现的另一个例子——只是复杂的自然系统产生了意想不到的因果模式和性质的另一个案例。当然,这些特别现象对我们人类而言在一种非常私人的意义上很重要;对于我们来说,它们并不似乎"只是另一层级"。的确,主观经验**重要**并且对于我们作为**人**而言是很重要的一个事实,这是一个适当的心智哲学不敢忽视的关键基准。

从另一个意义上说,我将提议心智并非只是另一种突现现象。在前一章中我们发现一些生物学案例介于弱突现与强突现之间。我主张强解释对于作为一个整体的生物学来说更公道,因为突现系统不仅仅是微观物理状态的集合,而是细胞和有机体——填充生物圈的主体,许多生物学家把它们作为个体化的研究对象。但是,我必须承认,至少一些科学案例能被同时解读为强解释和弱解释。现在我要论证,在心理现象的情况下模糊性消失了:只有从强突现的立场出发,才能清楚心理因果的含义。如果心理因果的强突现解释不正确的话,那么这个人应该是关于心智的副现象论者,即:这个人应该认为心智对世界没有影响。就一个人认为副现象论是一个应该被回避的结论来说,他已经达到了有理由认同强突现的程度。

▶▶ 4.2 突现的三个层次

首先进行扼要重述。我们已经碰到了遍及自然科学中非常广泛的突现现象,这些突现现象贯穿了自然科学领域。为了完全理解宇宙进化过程的各个不同阶段中是什么东西在起作用,人们有必要提出和分析广泛的经验数据。有办法把秩序引入如此巨大的主体中吗?答案取决于人们采用哪种原则来比较这些实例。文献中最常用的原则——将突现与(结构、行为、语言使用的)不断增长的复杂性相关联——不可或缺,因为它为过程带来了一套度量标准,一套定量的测量方法(例如,我们能够根据语法的丰富性、词汇等测量语言的复杂性)。同时,定量的方法不能解释出现质的新行为或经验的过程中的"间断"。至少那就是,成功地确立定量比较(就我们能实现这种比较的意义上来说)似乎是排除了那种由强突现论点所捍卫的那些结果的定性特征。或者,换一种思考方式来说,人们可能会承认许多突现实例,但是如果每个实例都是**特例**,将不会随之出现关于突现的一般性理论。

于是,除了汇总突现个例之外,我寻找了可以将自然界中多种突现实例连接起来的广泛模式。遵从这个策略意味着放弃更严格的定量测量标准。同时,转向更加定性的分析和一定程度的概念抽象,容许了对自然界中更广泛的相似性的认可。有两种模式尤为突出。

首先,生命的突现在过去曾被看作是唯一一个显著的本体论转变:在某一刻,只存在无机材料,在下一个(不同的)时刻,存在了生命形式。这种对生命/非生命区别的解释,我们看到,已经受不起新近成果的检验。像杰拉尔德·乔伊斯(Gerald Joyce)和杰弗里·巴达(Jeffrey Bada)这样的生物化学家们主张:鉴于重元素的结构,至少在地球上,不大可能出现生命。巴达认为,生命起始时如同"复制分子的无边界汤",只是后来偶然出现了第一个细胞膜。乔伊斯将"生命"定义为"一个有能力经受达尔文式进化的自我维持(中)的化学系统"。如果生物化学家们是正确的,生命与非生命事物间的分界就比我们过去所认为的更具渗透性;它们之间是一条模糊不清的界线,跨越分界线的运动能够以一种比我们曾经所认为的更加渐变的形式出现①。

但是,即使区分的标准不完全清晰——病毒的某些特征使它们更接近于非生命体,其他特征更接近于生命世界——仍然存在被遍及生物圈和贯穿进化史的有机体所共享的广泛特征。生长与发育、自我平衡、繁殖以及与环境之间的有控制的能量交换,是生物体的共同特征;同样根本的是这样一个事实:随时间而发生的变化受到进化适应性过程的约束。这些特征是如此基本,以至于诱人地想把它们称作**元突现性质**(meta-emergent proper-ties)(然而,因为在突现和元突现性质之间不能做出严格的概念上或经验上的区分,应谨慎使用这个措辞)。在莫洛维茨的带动下,不从突现那一瞬间的角度,而从将大量单个突现步骤联结在一起作为一种家族类似的角度出发来分析生命,在经验上可能会更精确些。

家族类似的第二大领域必定与自我意识有关。生物学意义上的自我意识不但涉及对外部环境的监控(一种非常容易与知觉相混淆的功能),还涉及有机体自身内部状况的监控以及对其行为结果的改变。特伦斯·迪肯已对这种反馈环的自反性做了富有成效的研究②。有些学者也将反射的自我意识从一般的自我意识中区分出来,作为家族类似的一个单独领域。如其名所暗示的那样,反射的自我意识要求具有监控其自身的自我监控的能力。

---

① 发表在《新科学家》(1988 年 7 月 13 日)的研究。

② 参见布鲁斯·韦伯、特伦斯·迪肯:《热力学循环、发展性系统和突现》,载《控制论和人类认知》7(2000),21—43。

如果自我意识的反馈环是一种二阶现象,那么,正如该领域的一些作者所指出的那样,反射的自我意识变成了一种三阶现象:正意识到你*如何*意识。使用更强的心理谓词,我们能把它描述为他知道他正在思考,或知道他自己的想法,或知道他正在经验某种*感受性*(感受到经验)。这个解释反映了一个事实:感觉与知道,至少在前意识的感觉中,在生物发展过程中出现得相对早些,有意识的知道在随后的阶段建于它们之上。因此罗德尼·科特里尔(Rodney Cotterill)主张:细菌 *E.gracilis* 为认知提供了证据,因为细菌 *E.gracilis* 基于它在其环境中的发现而修改它的行为:

> 的确,人们能够说它*知道*与其环境有关的事物,尽管这种知道是无意识的知道。这将是一个对此情形更有用的描述,因为它将强调:知道无须在概念上与意识相连。于是,人们可以继续推测**意识是否需要知道他知道这种更精致的技艺**。的确,这将是此处采取的路线。[①]

▶▶ 4.3 意识问题简介

我们事先没有确认当代心—身争论的浑水有多危险,就投身其中,并不明智。(这些浑水中可能没有鳄鱼潜伏,但肯定遍布着此前种种建设性尝试后的残骸)。只有彻底理解这个问题全部的严重性,才能开始识别那些指向答案的线索。

第一个问题就在于心智观念自身。当然,在某种意义上,心智属性在自然史的进程中突现出来是无可争议的;任何理解了这个句子的人就已经承认了这点。然而,主张心智存在明显不同于主张细胞存在。如果有人主张一种被称为"心智"的事物存在,难道她不是无可挽回地与科学方法、与一个自然科学家能够建立和证实的任何事物相决裂了吗?但是,如果某人否认心智的存在,难道他就不是致命地与常识决裂了么?

这种两难困境揭示了将心智设想为一种属性与将心智设想为一种客体之间的区别是何等巨大。把心智作为客体来考虑等于邀请二元论加入,因

---

① 罗德尼·科特里尔:《进化、认知和意识》,载《意识研究期刊》8(2001),3—17,第5—6页。

为(如笛卡尔所主张的那样)一个非物理的、非物质的、不由部分所组成的、并且不占据时空的客体,必须是一种完全不同类型的事物,他称之为***"精神实体"***(另一种类型的二元论也是如此,它暗含在把灵魂作为身体的形式的亚里士多德—托马斯式的灵魂概念里)。鉴于将心智作为事物进行谈论所引起的更大、或许是不可逾越的困难,至少在关于世界的科学研究的语境下——以及考虑到谈及心智属性而不陷入副现象论已经太困难——更为可取的是把我们的心智理论限于心智属性:复杂的、归因于作为它们客体的大脑的突现属性。毕竟,在宇宙的装置中定位查找大脑以及根据我们关于物理世界的知识来解析大脑已经毫无问题,然而,用科学的方法和成果来整合有关心智的讨论所遇到的挑战,已经持续不断地妨碍了现代思想。

将自己局限于像谈论属性一样的方式来探讨心智,也不会消除所有的张力。看起来,心智属性与被认为是产生了心智属性的大脑在类型上是如此根本不同,以至于连接这两者从概念上来说——或从因果上来说,就此而言——似乎几乎是不可能的。最初对突现所产生的怀疑常常就在这点上。起初,许多人假定意识是突现现象的一个显著的例子。如果有任何地方的话,那么就在这里,似乎自然制造出不可还原的东西:不管建立在中央神经系统先前状态之上的意识经验的生物学依据有多坚实,这两者永不可能等同。知道那里的一切就是知道大脑状态的进展,这不等于是知道成为你会是怎么样的,不是去经验你的快乐、你的痛苦或你的洞见。正如托马斯·内格尔(Thomas Nagel)的非常著名的主张:没有人类研究者能够知道"成为蝙蝠会是怎样的?"①

不幸地,无论我们在个人层面上与意识怎样亲密熟悉,从科学的角度来看,意识保留了几乎全部的神秘之处。确实,正如杰瑞·福多(Jerry Fodor)曾经指出,"对于物质的东西如何可能是有意识的,没有人对此有丝毫想法。甚至无人知道,如果人们对于物质的东西如何可能是有意识的具有一点点想法的话那将会是怎样的。关于意识的哲学到此为止"②。考虑到从大脑状态转换成意识的困难,人们可能会和柯林·麦吉恩(Colin McGinn)一样

---

① 托马斯·内格尔:《成为蝙蝠会是怎样的?》,载内德·布洛克编《心智哲学文集》第 2 卷,剑桥:哈佛大学出版社 1980 年版,i.159—168。

② 杰瑞·福多:《泰晤士报文学增刊》1992 年 3 月,5—7。

担心：我们在此面临着一个不能解决的谜①。即使意识十分不同于被认为是与其相关联的神经状态，我们还是开始滑向了不可通约性，并且如果意识作为一个突现与自然突现的其他案例存在质的区别，这个谜也会变得不可解。

▶▶ **4.4 意识的神经关联**

即便在原理上，神经科学对意识的解释能去到多远？考虑到我刚才回顾过的困难，很明显的是，这个事业从一开始就面临着两种不同的危险。我们不可接受大脑与心智之间的定义等价、心理状态与大脑状态的同一，以免丢失我们在经验它时的心理差别（改述丹尼尔·丹尼特 Daniel Dennett 的反对者的说法，"意识被解释掉了"）；但也不能使大脑与心智之间的区别过大，以免心理状态对大脑状态的明显依赖没得到解释。

如果我们仍然着眼于意识问题，并尝试从神经系统科学着手的话，这里有一个显而易见的出发点：利用那些致力于理解**意识的神经关联**（NCC）的数据和理论。遵循此方法假定——似乎难以否认——意识与特定的神经活动相关。这些神经放电和动作电位，发生在一个有特殊结构和历史的大脑里，在产生我们第一人称世界的现象时发挥了因果作用：痛或悲伤的经验，或者知道 $6 \times 7 = 42$，或者渴望世界和平。通过 NCC 的研究来处理意识问题还只有一定的可信度，因为在这个领域中工作的理论家们经常在方法和成果上分歧极大。

聚集于 NCC，允许我们去探索一些科学家们现正开始发现和解释的NCC 特殊类型。这在认知和意识研究中是个令人兴奋的时刻。新的大脑扫描技术正在提供关于 NCC 的数据，这些数据在之前很难获得；人们已经感觉到，关于意识的知识量不断增长，尤其是视觉意识，正在为经验地研究意识添砖加瓦，那里曾经只受哲学家们的推测所统治。伴随着对数据量将

---

① 柯林·麦吉恩的确已经有力主张对这种神秘的解决，将永远超出哲学家的视野之外。见麦吉恩：《神秘之焰：物质世界中的意识心智》，纽约：基础读物出版社 1999 年版；《成为哲学家：我的二十世纪哲学之旅》，纽约：哈珀·柯林斯出版社 2002 年版；以及《心智的特性：心智哲学概论》，牛津：牛津大学出版社 1997 年版。

不断增长的预期,21世纪初有关 NCC 的理论增生不足以令人担心;它们是(或者:人们希望它们将成为)一系列可检验的假定,或者,至少是一些研究纲领的轮廓,可以通过它们在解释神经活动和意识经验中所取得的丰硕成果来加以评判。21世纪初不断增生的假说涉及了单个神经元(如科赫 Koch 的"祖母神经元")、神经元组群以及大脑中广泛的综合系统的特定性能和放电模式。

我把考察限定在九个重要的提议里,所有这些(除里贝特 Libet 以外的)提议在过去十年左右的时间里都得到了发展:

(1)本杰明·里贝特(Benjamin Libet)早期的著作最先提出:意识是大脑活动随后的一个突现产物。在他那些著名实验里,受试者的丘脑受到刺激,受试者被要求识别刺激在何时发生。即使在刺激对受试者来说太简短以致不能自主地意识到刺激的情况下,当受试者被要求进行"猜测"、在刺激发生时给出信号,他们也能够更有机会出色完成任务。相比之下,"变得能意识到刺激(即使这种意识有点不确定),需要一个明显更长的链⋯⋯里贝特和他的同事们把这个解释为:暗示了意识需要持续一定时间的脉冲链"[1]。结果表明,受试者方面所意识到的触摸和疼痛,以一种高度可预测的方式突现出来:"总之,在身体——感觉系统里,一个微弱或简短的信号在没有产生意识的情况下能够影响行为,同时,一个更强或更长的同类型信号能够使意识出现。"[2]史蒂芬·柯斯林(Stephen Kosslyn)很好地总结了这个成果:"本杰明·里贝特和他的同事们发现,意识经验可靠地滞后于那些可能引发它们的大脑事件。这个发现认为,'和弦'需要时间来构建,即使在所有的'音符'都出现之后。"[3]

(2)自从里贝特的实验之后,已经探知其他处于意识阈值之下大量精确感知的实例。或许最著名的是盲视实验。这些实验涉及受试者的初级视皮层已遭损害(尤其在 VI,条纹视皮层)的案例。当光亮出现在他们被破坏的

---

① 弗朗西斯·克里克:《惊人的假说》,纽约:斯克里布纳之子出版社1994年版,第229页。

② 弗朗西斯·克里克:《惊人的假说》,纽约:斯克里布纳之子出版社1994年版,第229页。

③ 史蒂芬·柯斯林、奥立佛·柯尼希:《潮湿的心智:新神经认知科学》,纽约:自由出版社1992年版,第436页。

感知区域时,病人被要求指出光亮的位置,他们能够高度准确地完成实验,尽管他们根本没有自主地意识到他们已经感知到了那点光亮。很显然,在这些案例中,尽管损坏足以抑制意识,受试者依旧能够可靠地指出光源的方向,因为对动作输出的发生来说,足够的神经通路保持了完整。①

（3）人面失认症,或无法识别人面,是这个类型的另一个例子。② 如弗朗西斯·克里克(Francis Crick)所报告的那样:"当连接到一个测谎仪并展示了多组熟悉和不熟悉的人脸,病人不能说出哪些人脸是熟悉的,然而,测谎仪清晰地显示了大脑正在作这个区分,尽管病人并没有意识到这点。这里,我们再次得到一个大脑能够在没有意识的情况下对一个视觉特征做出回应的实例。"③

（4）克里克假设,对意识负有责任的神经活动始于较低的皮质层,特别是皮质层 5 和 6。在大脑其他区域出现的知觉和计算在这个区域引起放电。他认为,这些特定的放电是意识的神经关联。更具争议的是,克里克还提出,一种特定类型的神经元,即位于皮质层 5 内的"'从发性'大锥体细胞,经常在整个皮质层系统外面投射,有可能就是知觉的实际载体"④。在其他著作中,他专注于丘脑连接,提出具有足够投射程度的反射回路(他认为位于皮质层 4 和 6)是关键的知觉关联物。⑤ 他认为,当我们开始了解注意机制和非常短时的记忆,我们将着手去理解意识的经验。

（5）克里斯托夫·科赫(Christof Koch)强调意识必须具有生物学功能,否则它不会进化。对他来说,核心是规划功能。每个主要的大脑功能(例如,视觉)投射进执行规划功能的前额皮质。这个针对 NCC 提出来的特别建议特别迷人,因为它超越了神经元与意识的一对一关联,取而代之选择了一个基于功能的解释,这个解释涉及了(尽管很含蓄)自然史中更广泛的突现过程。然而,很遗憾,科赫也试图将知觉与非常特定的神经元组群联系起来,类似著名的(或声名狼藉的)"祖母神经元"概念,也即,只有当一个非常

① 克里克:《惊人的假说》,第 171—173 页。
② 更多例子参见V.S.拉玛钱德朗、桑德拉·布莱克斯利:《脑中的幻影:探索人类心智的奥秘》,纽约:莫洛出版社 1998 年版。
③ 克里克:《惊人的假说》,第 173 页。
④ 克里克:《惊人的假说》,第 251 页。
⑤ 克里克:《惊人的假说》,第 252 页。

特定的刺激出现时,如看见自己的祖母,才会激活的神经元。①

（6）通过探究特定区域与功能的假说,伯纳德·巴尔斯（Bernard Baars）为他称作"全局工作空间理论"的观点进行辩护。根据这个假设,有意识与无意识的神经活动在这个假设的"工作空间"里的一个惯常的基础上被比较。巴尔斯运用工作空间理论解释双目竞争、盲视、选择性视觉注意和顶叶忽视。②

（7）至少直到 21 世纪初,文献常常似乎划分为两个对立的阵营,一方主张意识是大脑的一个整体功能,另一方主张意识是特定类型的神经元、神经元组群、或大脑区域的产物。通过他们的"无意识侏儒"的理论,克里克和科赫向以上两种非此即彼的争论投下战书。他们的主张建立在弗雷德·安特利（Fred Attneave）的主张之上,弗雷德·安特利在文章"为侏儒辩护"里最先提出这个主张,他设想了大脑中的多重处理系统:分层级的感觉加工系统,一个情感系统,一个运动系统,和一个他标签为"H"的"侏儒"系统。正如克里克和科赫总结的那样,这个"H"系统不只是与层级结构中的较高层次,而是与不同层次的感知机制相互关联。"H"系统接收来自情感中心的输入并且投射到运动机制③,安特利已经标出侏儒系统位于如网状结构这样的皮层下区域。克里克和科赫的创新在于想象侏儒是无意识的,只有部分表现具有意识。这样就保护了它的规划功能、整合功能和决策功能,同时坚持了这些活动中只有一部分在映像和讲话中被表现出来。这个新主张建立在（如他们所承认）由雷杰肯道夫发展出来的所谓意识的中间层次理论之上。21 世纪初,雷杰·肯道夫（Ray Jackendoff）假定了 3 个不同的认知领域:大脑、计算心智和现象心智。同样地,克里克和科赫的观点允许计算、甚至连规划都以一种在很大程度上是无意识的方式来实施,只需要部分地表现这些使它变成意识的活动。如果他们是对的,我们全部的主观经验也许只是相对较少数量的神经元的产物——尽管,如他们所承认的那样,"这些

---

① 参见克里斯托夫·科赫关于"祖母神经元"概念的讨论,他 1998 年在 ASSC 的谈话中为这个概念做了辩护。会议记录收录于托马斯·梅金杰编:《意识的神经关联:经验的和概念的问题》,剑桥:麻省理工学院出版社 2000 年版。

② 参见伯纳德·巴斯:《意识的剧院:心智的工作平台》,纽约:牛津大学出版社 1997年版。

③ 参见弗朗西斯·克里克、克里斯托夫·科赫:《无意识侏儒》,载托马斯·梅金杰编:《意识的神经关联》,第 107 页。

行为如何产生对我们来说如此珍贵的主观世界,仍然彻底是个谜"。(《意识的神经关联》,第 109 页)

(8)沃尔夫·辛格(Wolf Singer)主张:意识经验的内容通过**动态相关的组件**含蓄地被表现。特别是他看到神经元群组里的同步响应,认为它们是最适合于意识产生的大脑现象①。考查一下辛格假设的清单,神经系统科学家们将这些假设发表在这个领域中,从而使这些假设被广泛分享——至少直到他着手尝试精确地解释'如果神经元组件将要产生意识的话,它们将会*如何*共同起作用。(我省略了辛格清单中后面的一些假设,因为它们赢得的赞同甚至会更少):

(a)现象意识需要元表征的形成,并从元表征的形成中突现出来;(b)元表征的形成通过高阶皮层区域的增加来得以实现,高阶皮层区域处理低阶区域的输出,所用方式与低阶皮层区域处理它们各自输入的方式如出一辙;(c)为了导致必需的组合灵活性,通过分散的神经元的动态联合来使这些元表征实现为功能一致的组件,而不是通过个别特定的细胞;(d)结合机制将神经元组合成组件并且把它们的回应标记为有关联的,这个结合机制是:在毫秒级别内瞬时同步精确放电……②

(9)通往理解的进一步发展,已出现在埃德尔曼(Edelman)和托诺(Tononi)一系列出版物之中。他们接受一种根本的意识突现论观点,并强调意识的整体特征:"每个意识状态都是一个不可分割的整体"和"每个人能够在数量巨大的不同意识状态中进行选择"。③ 但是——尤其是当他们在文章"意识与复杂性"中发展这个观点的时候——它是一个由不断增加的复杂性引起的整体论。试图从单一(类型)的神经元中派生出意识经验,是一个范畴性错误:意识的性能不同于单一的神经元放电,不能把两者关联起来。

那么,哪种神经性质是意识? 埃德尔曼和托诺强调了它的两个特征:

---

① 参见沃尔夫·辛格:《从神经生物学的视角看意识》,载托马斯·梅金杰编:《意识的神经关联》,第 124 页。

② 参见托马斯·梅金杰编:《意识的神经关联》,第 134 页。克莱顿用字母代替了他的数字。

③ 杰拉尔德·M.埃德尔曼、朱利奥·托诺:《再入和动力核心:意识经验的神经关联》,第 139 页。

"意识经验是整合的（每个意识场景都是统一的），而且同时也是高度分化的（在很短时间里，一个人可以经验数量巨大的不同意识状态中的任何一个）。"①整合与分化都可被量化。作者发展了两个工具来测量它们：用于测量整合的功能聚类，和用于测量分化的神经复杂性。他们详尽分析得出的成果具有潜在的重大意义：意识状态被证明是在信息上最为复杂的状态，因为它们反映了"高度的功能特化和功能整合的共存"②，他们的观点中令人吃惊的是：假定了一个相对较小、他们称之为"动态核心"的神经系统来为意识负责，而不是把意识解析成一个更加全局的大脑状态的关联物。

▶▶ 4.5 神经关联研究能解决意识问题吗？

成功的意识理论的目标，在于消除神经系统科学解释与意识经验的第一人称描述之间明显的对立。显然，我刚才探究过的对意识的神经关联所进行的经验研究，向这样的理论迈出了一步。但它充分吗？

任何关于意识的说明都面临两大挑战。它必须解释大脑的结构和处理过程在更高阶的认知功能中起了什么作用，而且必须为我们自身鲜活的意识生活经验提供说明。21 世纪初在突现论的标题下正被讨论的那些具有家族类似的观点回应了这些挑战，这些观点声称：*意识现象是些性质，只能*

---

① 朱利奥·托诺杰、拉尔德·M.埃德尔曼：《意识和复杂性》，载《科学》282（1998），1846—1851。论文基于作者早期的结论："潜在于意识经验之下的关键神经机制是在涉及概念分类的后丘脑皮层区域与涉及记忆、价值和计划行动的前丘脑皮层区域之间的再入相互作用。"

② 关于动力核心的提议最值得关注的是，从它提出的神经整合的措施和复杂性中可以推出可检验的预测。这些预测包括：动力中心的复杂性应该与主体的意识状态相关。"潜在于自动行为之下的神经过程，不管有多复杂精细，其复杂性应该低于潜在于受意识控制的行为之下的神经过程。另外的预测是，伴随着认知发展，有望会系统性地提高连贯的神经过程的复杂度。参见《科技周》的"焦点报道"："神经生物学：意识经验的基质"，见 http://scienceweek.com/swfr077.htm，2004 年 2 月 28 日核实；在这篇文章中，埃德尔曼和托诺总结道："至今能得到的证据支持这个信念：对意识进行科学解释正变得越来越切实可行。"同样见于他们的《意识世界：物质如何变成想象》（纽约：基础读物出版社 2001 年版）以及他们与 H.贾斯帕，L.Descarries，V.卡斯特鲁奇以及 S.罗西尼奥合编的《意识》（费城：利彭科特—拉文出版社 1998 年版），245—280。

从越来越复杂的神经系统的功能中突现出来。现在,如果意识被证明是与某一特定类型的神经元或一小组神经元相关联的话,我不确定突现理论是不是会被证伪。但是突现理论对复杂系统现象的依赖达至如此的程度,涉及了大部分大脑区域或(有些人认为)整个大脑,为这个观点所做的标准辩护必定会被非整体论的意识神经科学所削弱。

神经科学中突现论观点的经典表述,可在罗杰·斯佩里后期的著作中找到(参见上文第一章),罗杰·斯佩里在他后期著作中,把心智解读为作为一个整体的大脑的突现性质。新颖的性质只能从作为一个整体的系统中突现出来的假设,与斯佩里对整体—部分结构的颇具影响的观点联系在一起,我们在之前的章节中曾多次提及斯佩里关于整体—部分结构的观点。斯佩里的观点相当于是预测了仅当把大脑理解为一个单一的整合系统时——即,在把各种与特定的认知功能相关的分散系统全部加总的层次上——我们才有可能对心智的本质给出一个充足解释。将一个系统看作一个整体,并不否定对系统单个组成部分的研究,如一些整体论的、新世纪心智理论就皆而有之。当然啦,它把注意力导向那些系统效应,系统效应所包含的内容显然要多于系统各组成部分的效应的集合。

例如,"动态系统进路"将注意力从神经元层级转移到更广阔的大脑系统,把这些更广阔的大脑系统作为精神状态突现的生理学关联物。这个承诺在理论上把它与我在前一章里考察过的系统生物学近期的工作联系起来——这种联系在文献中还没被好好研究过。在其中一种(无可否认地推测性的)重构中,哈德卡斯尔(Hardcastle)写道:

荷尔蒙与神经肽通过细胞外液,在一个被称为"容积传递"的过程中或多或少连续不断地传递数据。重要的是,这些位于中央神经系统的细胞间的额外的通信方式,意味着简单的(乃至复杂的)线性或正反馈模式很可能是不精确的……因为发现了大脑中全局通信的重要性,一些人已就此断定,最好将我们的大脑视作一个系统,作为一个复杂的相互作用的整体合力运作,对于这样相互作用的复杂整体来说,以任何形式向低层级描述的还原,都意味着有效数据的损失。①

---

① 参见V.哈德卡斯尔:《疼痛的神话》,波士顿:麻省理工学院出版社1999年版,第78—82页。引自迈克尔·西尔伯斯坦:《聚合突现:意识、因果和解释》,载《意识研究期刊》8(2001),61—98,第82页。

更广泛的动力系统容许这种整体效应,这种整体效应在遍及生物学的突现系统里很典型。无可否认,神经科学还无从理解"包含了数百万神经元和数十亿突触的大尺度、复杂电生理学或生物电的活动模式"①,这个特别提及的机制可能经不起更严格的审视。但这些就是那*种*能被科学地研究的进程,而且有可能会对意识的神经关联产生出更综合的理解。

尽管伊斯雷尔·罗森菲尔德(Israel Rosenfield)对思想与大脑状态之间的差异是否就此而被解决掉心存疑虑,他还是假定了一个同样是整体性的切入点。在思想与大脑状态的比较中,两者最接近的地方在于它们的总体动态。大脑的总体动态最接近于是在镜像思维动态,然而这两种动态系统的单个组成部分——个体记忆,如,就思想这一方面而言,和大脑方面的个体神经事件——佐证了仍然是不可通约的不同逻辑。因此,罗森菲尔德总结道:

"我们的知觉是'意识流'的一部分,是不能通过神经科学的模型和描述来捕获的一串连续经验的一部分;如它们的颜色、或气味、或声音、或动作范畴是独立于时间的离散实体……,一种意识恰恰源于知觉的*流动*,源于它们间的关系(既是空间的又是时间的),源于与它们动态的但却恒常的关系,就像被一种持续贯穿于意识生活的独特的个人观点所支配一样……与【这种流动】相比,诸如我们能够在书本或想象中传播或记录的'知识'单元,就不是在一个无法掌控、不可复制、和不可言传的动态经验流动中拍下的瞬时快照。而且将这些快照与'存储'在大脑中的材料联系起来是犯了一个毫无根据的错误。"②

NCC朝着诸如动态的、整合的系统之类的方向上所做的研究越多,它离突现预测就越接近。因此,丹尼尔·丹尼特承认(否则他在《被解释的意识》一书中所持的还原主义在强突现者中得不到支持):

认知科学的共识是……*在那里*我们有长期记忆……并且*在这里*我们有工作区域或工作记忆,思维发生的所在……,然而,大脑里并没有两个不

---

① 参见V.哈德卡斯尔:《疼痛的神话》,波士顿:麻省理工学院出版社1999年版,第78—82页。引自迈克尔·西尔伯斯坦:《聚合突现:意识、因果和解释》,载《意识研究期刊》8(2001),61—98,第82页。

② 伊斯雷尔·罗森菲尔德:《陌生、熟悉和遗忘:解剖意识》,纽约:阿尔弗雷德· A.诺普夫出版社1992年版,第6页。

同的地方来安置这两种工具。大脑中唯有一个地方对这两种独立的功能来说都是看似合理的家,这个地方就是整个大脑皮层——不是两个相邻的场所,而是一个大场所。①

突现程序不仅取决于相关领域的大小,也取决于系统复杂性的程度。在神经学系统里,复杂程度是相互关联程度的一个函数;例如,它以指数方式增长达到了动态反馈和前反馈环都被涉及的程度。这是埃德尔曼所描述的那类结构:"在循环中,神经系统行为某种程度上是自生成的;大脑活动导致运动,运动又导致了进一步的感觉和知觉以及更进一步的运动。层级和循环……是动态的;它们持续变化。"②在埃德尔曼看来,动态反馈和前反馈不断增长的复杂性正是认识或意识。神经生理学家能对这些过程进行客观研究,或者,主体个体能主观地经验到它们;最后,他认为,它们只是同一动态过程的两种不同描述。埃德尔曼对这种论点的倾向使他倾斜到了两面性理论的传统。

然而,人们感觉到在这个回应中缺少了某些东西。无论神经结构会是怎样的复杂、变动、或自我催化,它们仍然保留了心理学结构——科学家必须以第三人称术语来描述的结构。正如W.J.克兰西(W.J.Clancey)所指出,基于那个观点,它在所有方式下都是结构:

> 每一种新的知觉分类、概念化和感觉运动协调以一种新方式将"硬件"组件组合起来,修改可用于未来的活化和重组的物理元素的构成。至关重要的是,这种大脑的物理重排不是由软件编辑程序制造出来的(译自语言学描述)【也不是】与语言学名称和语义学操作的同构(我们的常规软件理念)。不同结构能产生相同结果……③

研究意识的神经关联——现今意识研究中最富成果的研究领域之一——能提供的至多就是它的名称所承诺的。人们至多能够在大脑状态和由主体报告的现象经验之间建立一系列的**关联**。这样的关联具有巨大的

---

① 丹尼尔·丹尼特:《意识的解释》,波士顿:小布朗出版社1911年版,第270—271页。

② 杰拉尔德·M.埃德尔曼:《晴空、烈焰:心智哲学问题》,纽约:基础读物出版社1992年版,第29页。

③ W.J.克兰西:《意识的生物学:对伊斯雷尔·罗森菲尔德的〈陌生、熟悉和遗忘:解剖意识〉和杰拉尔德·M.埃德尔曼的〈晴空、烈焰:心智哲学问题〉的回顾与比较》,载《人工智能》60(1991),313—356。

经验意义。但是，如果作为结果的解释仅仅以神经学术语给出，它们将不能理所当然地阐明什么是现象经验或主体经验到的**感受性**。通过这些方法，意识经验的因果效应，如果它们确实存在的话，也将是不可识别的。

▶▶ ### 4.6 为何意识依然是"难问题"

研究者将这个问题的答案立足在意识的神经关联之上，那么，他们不是使问题变得太难，倒是他们使问题变得太容易。在研究成果刚刚开始显得难以令人满意的那个节点，他们便停止了进一步的探索。心理属性同引发它们的生理学过程仍然保有足够的差异，所以，仅仅是要把这两者连接起来，就已使这个难问题无法解决。

进化研究表明，与其他高级灵长类动物相比，人类认知的显著特征取决于大脑的复杂性、连同其他功能性能在量上的增加。在进化的某个时刻，这种特别的量增还导致了质变的出现。如特伦斯·迪肯在《符号生物》一书表明的那样，即使有意识的知觉的逐步形成，在灵长类动物的进化过程中渐次发生，这一过程的终点（至少对于现在来说）也使科学家面临着新的和不同事物：使用符号的人，他们的语言运用明显区别于他们的先驱。[①] 把意识理解为自然界的突现现象——那就是说，自然主义地，非二元论地——需要一个关于思维、信念和意志的理论，因为这些都是人类在他们自然的日常经验中所碰到的现象。心理原因、基于意向的行动、用理念建构起来的结构——这些都是需要自然主义解释的经验所予。

这就是大卫·查尔默斯（David Chalmers）已鉴别的意识"难题"。在充满创意的"面对意识难题"一文中，查尔默斯（我认为他是正确地）指出，大部分对意识问题的"回答"仅仅是对"容易"问题的回答。为了加深理解，查尔默斯从那些所谓容易的意识问题中识别出几种对意识问题的尝试：

☆ 辨别、分类和回应环境刺激的能力；

☆ 通过认知系统综合信息；

---

① 特伦斯·迪肯：《符号生物：语言和大脑的共同进化》，纽约：W.W.诺顿出版社 1997年版。

☆ 心理状态的报告性；

☆ 系统访问自身内部状态的能力；

☆ 注意力的集中；

☆ 行为的刻意控制；

☆ 醒着和睡着之间的区别。[①]

"容易"可能有点用词不当：比如，要理解行为的刻意控制，就是一个令人难以置信的复杂的神经系统科学的挑战。尽管要经验地解决这些问题同样很困难，然而与意识难题相比，它们的重要性黯然失色：

意识的真正疑难是*经验*问题。当我们思考和感知时，会有一个呼呼作响急速的信息加工过程，但这里也有一个主观方面。正如内格尔所述，这里**有某种东西，它就像**是一个意识的有机体。这个主观方面是经验。例如，当我们看的时候，我们经验视觉感受：红色的质感、暗和亮的经验、视觉野中的纵深的质。其他经验伴随着不同形态的感觉：单簧管的声音、樟脑的气味。然后，还有身体的感受，从疼痛到性高潮；从内部构想出来的心理影像；情绪的质感，意识思维流的经验。联合所有这些状态的，是某种就像是内在于它们的东西。它们全都是经验状态。[②]

我认为，在这个意义上对经验进行解释，至少占据了意识疑难的一半。它似乎不是那*种*按照功能或结构就能解释的事物，因为人们能完全知晓某些经验的结构或功能但仍然不懂得"拥有那种经验"是什么意思。于是，例如，弗兰克·杰克逊（Frank Jackson）著名的思想实验虚构了一个叫玛丽的神经科学家，她通晓一切已知的关于红色的经验知识，但因其终生被困在一间只有黑白两色的房间里，所以她从来没有关于红色的经验。无论玛丽的神经科学知识如何完备，当她第一次走出她的房间并看到一个红色的物体，她将拥有一种她从不曾拥有的经验并知道了一些东西——换句话说，拥有那种经验会是怎样的——她之前从不曾知道这点。这是真的，尽管**按照假设**她在被释放之前通晓了所有关于红色的结构和功能的已知知识。

杰克逊和查尔默斯在这点上是正确的。如果他们是对的，等于是强调：

---

① 大卫·查尔默斯：《面对意识难题》，再版于乔纳森·希尔编：《解释意识：疑难问题》，剑桥：麻省理工学院出版社 1997 年版，第 10 页。

② 大卫·查尔默斯：《面对意识难题》，再版于乔纳森·希尔编：《解释意识：疑难问题》，剑桥：麻省理工学院出版社 1997 年版，第 10 页。

哪怕只是"意识疑难"的前半部分就已是如何真正地令人费解。通常意义上的生物学和特别意义上的神经科学能够做的就是理解细胞、器官、大脑区域和有机体的结构和功能。这不正暗示了我们在上文有关意识经验的神经关联的最新理论的简要讨论中所发现的东西吗？当然,在医学上,这是最重要的:如果你知道特定区域内的血流减少与该区域相关的认知功能的损害有关联,如果随后你能增加血流,以便不会造成更多记忆或认知或运动功能的损害,那么你在医学上便是成功的;你已履行了作为一个医生的职责。但是,我们仍然不能确定意识经验是什么。并非缺乏潜在的答案。超出按照标准生物学结构和功能术语对意识进行的解释,许多理论家将某种或另外的"额外原料"加进他们的解释中。而且,肯定不缺少想要的额外原料:"有人建议引入混沌和非线性动力学。有人认为关键在于非规则系统过程。一些人诉诸神经生理学未来的发现。一些人猜想解开这个秘密的钥匙可能藏在量子力学的级别。"①

另一半疑难从意识是什么转移至意识做了什么。表征化大脑状态与*感受性*这两个不同侧面存在着根本的质的区别,认识到这点是一回事。问一种状态如何能够影响另一种状态,是另一回事。关于意识的讨论已愈发从第一种问题转移到第二种。后一个问题——心智状态怎样才能对这个世界产生任何影响的问题——在某种程度上是更难的问题:许多哲学家承认心智状态的存在,当谈及他们所做的研究时,他们却是副现象论者。强突现代表了以下论点:副现象论的回应是错误的。

关于 NCC 和这个难题的探索至少使两种危险显明出来。首先,不把关于心智的可检验的假说与关于心智本质的哲学思辨混为一谈至关重要;关于心智本质的哲学思辨固然重要,但是,就像雅典娜的猫头鹰一样,只在仔细的科学检验之后到来(参看第 5 章)。"额外原料"理论所面临的危险是,它们常被人提及,就好像它们是意识问题的*科学*答案一样。其次,当将"额外原料"理论(恰当地)重归于有关心智本质的哲学理论类别时,必然评估它们对以下两个方面的说明到底做得有多好:心智因果关系有何不同之处,以及,什么把它与其他类型的因果影响连接起来。

---

① 大卫·查尔默斯:《面对意识难题》,再版于乔纳森·希尔编:《解释意识:疑难问题》,剑桥:麻省理工学院出版社 1997 年版,第 17 页。

查尔默斯对意识问题的回答,本文前面曾引用过——不管它可能有哪些其他不足——确实试图解释人所具有的经验状态有何不同。他在别处称作"自然主义的二元论"①,是那*种*对意识疑难的正确答案,尽管我不相信查尔默斯对二元论和泛心论(自然主义的或其他)的整合能提供一组恰当的资源,使我们足以将心智的发展和自然史连接起来。毕竟,他所设想的泛心论是一种非时间性的观点,对进化过程没有参考意义。然而,进化过程既造成了脑容量增加(在基因层面),又造成了大脑行为的产生(选择压力在这个层面起作用),这已是生物科学的根本假设。

▶▶ 4.7 弱依随性与心理性能的突现

在开始尝试确切地阐述一个针对此问题的更好回应之前,有必要清晰陈述某些背景假设,以及从心智哲学最新的讨论中挪用某些重要的工具(尽管要做些修改)。首先是三个假设:

☆ 一方面,关于人类本质的强二元论,尤其是心智实体论,在科学时代变得问题重重,心智的形而上学与许多当代形而上学、现代科学以及能整合它们的认识论处于严重的张力中。

☆ 另一方面,我们日常经验的许多方面作为这个世界中的因素,与物理主义对人格的解释相冲突。② 还原的物理主义解释不能公平对待用第一人称和用第三人称经验之间的区别——如看见红色或聆听贝多芬的音乐或爱上另一个人或符号化地使用语言时会是怎样的。弄清楚表征的或求真性语言、意向性和"原始印象"的意思,可能需要一个比物理主义所能提供的更丰富的语义学。

☆ 近来有关非还原物理主义的批评,特别是那些由金在权发展起来的

---

① 大卫·查尔默斯:《面对意识难题》,再版于乔纳森·希尔编:《解释意识:疑难问题》,剑桥:麻省理工学院出版社1997年版,第17页。

② 克莱顿:《神经科学、人与上帝:突现主义的解释》,载《接合崎》35(2000),613—652。原载罗伯特·J.罗素、南希·墨菲、西奥·迈林、迈克尔·阿比布编:《神经科学与人》,梵蒂冈:梵蒂冈瞭望出版社1999年版,第181—214页。

批评,①对除了还原物理主义之外*任何*版本的物理主义是否最终连贯提出严重质疑。

*依随性理论*有助于阐述当今心智理论的某些必要条件以及把注意力集中到物理主义的优势与不足之处。依随性不同于突现,但它能够在形成一个心智突现理论的过程中起作用。它的贡献体现在三个主要领域:

首先,用最一般的术语来讲,依随性意味着一个层级的现象或属性类型(在此例中指心智的)依赖于另一个层级(在此例中指生物学的或神经生理学),但同时不能被还原到那个层级。我使用过术语*弱依随性*来作为表达这种最极简的观点的一种方式,该术语改编自金在权。相比之下,*强依随性*的观点——这些被公认是理论的最通用形式——通常赞同原生物层级*决定*依随现象。这意味着,例如,心理现象完全由它们的神经基质所决定。因为依随层级里的任何差异,不管有多细微(例如,有一个不同的思维),都应是原生物系统内存在某些差异的结果(在此,指大脑和中央神经系统的一个不同状态),"强"理论不得不说:原生物层级为正在谈论的现象提供了真正的解释。

其次,只要依随性被理解为一种*记号—记号*关系——任何心理属性的单独实例都直接依随于某种特定的大脑状态——那么,根据理论最标准的陈述,这里没有心理因果关系的容身之地。因为在每一个案例中,心理事件将完全由其相应的物理事件来决定,这意味着因果解释的故事必须只能根据物理事件来讲述(在此例中指神经放电)。人们可以*说*:心理输入应该被加到引起其他大脑状态的大脑状态链中,如图 4.1 一样,但是不清楚在本例中这想象中的心理原因为什么不会是冗余的。尽管强依随性,不像心智的消除理论,看上去好像承认心理事件的存在(思维、感觉等诸如此类),但却没有留下什么事情可让这些心理事件参与其中。"真正的"解释故事已经只按物理事件来讲述了。尽管某些哲学家在言语上是这样表达的,但是人们一定会断定强依随性理论实际上相当于一个事实上的副现象论(一种认为心智存在但对世界没有因果效应的观点)。对于我们的理念在影响我们身体行动方面可能会如何发挥因果作用,依随性还没有给出一个说明。

---

① 参见金在权:《物理世界中的心智:关于心身难题和心智因果关系的论文》,剑桥:麻省理工学院出版社 1998 年版。

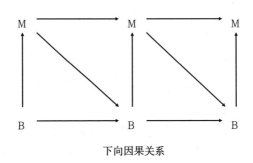

下向因果关系

图 4.1 依随性心理因果难题

再次,用突现来补充依随性涉及一个转换,即从记号—记号的心物比较转换为类型—类型的心物比较。换言之,在后面的那个观点中,心智与物理代表着世界上两种类型的事件,它们之间的关系必须通过以下方式来阐明:用更一般的术语来解释一类事件如何与另一类事件相关。从突现的观点来看,心理事件表现了一类属性,其存在依赖于另一类属性——有机体的神经生理状态。

金在权和其他学者已经在"多重实现"概念的基础上构建了论证,我认为"多重实现"的概念强化了将心物关系理解为这种**类型—类型**的理由。因为一个心理性质被多重实现,意味着许多不同的生物系统,甚或非生物系统可能产生相同的性质。"忍住痛",约翰·海尔(John Heil)写道:"许多不同种类的生物可以处于痛苦中。当我们着眼于可能性时,似乎不太可能是以下情形:这些生物共享一个独特的物理性质,凭借这个物理性质,'它们处在痛苦中'是真的。这个说法违反了'类型同一性','类型同一性'观点认为疼痛性质可以与某些物理性质视为等同。"[①]多重实现的实际情况削弱了以下主张:就像"类型同一性"理论所支持的那样,心理性质与物理性质真的是同一类型。因此疼痛是与给定的神经突触的化学性质不同类别的性质。理论上存在这样的可能,如,在未来,一个科学家团队也许会建造出一个人脑

---

① 约翰·海尔:《性质的多重实现》,载斯文·瓦尔特、海因茨·迪特·赫克曼编:《物理主义和心智因果关系:心智和行动的形而上学》,埃克塞特:印记学术出版社 2003 年版,11—30,第 14 页。希拉里·普特南和杰瑞·福多于 20 世纪 80 年代最先形成这个反对还原主义的多重实现的论证。艾略特·索柏的论文对他们的论证做了有益的摘要和讨论,参见《反对还原主义的多重实现论证》,载《科学哲学》66(1999),542—564。

电子模型,能够显示与我们经验的心理性质类似的某些东西。在这种情况下,心理与物理性质的类似物依然会出现,尽管**记号**(特定的心理和物理事件)会极不相同。

类型—类型比较还使弱依随性(如前文所定义)完好无损。心理性质是这样一类性质,它佐证了一种对有机体神经生理性质或状态的依赖关系。例如,疼痛现象在某种程度上仍然依赖于神经系统状态——麻醉受伤肢体里的神经,病人通常会报告说疼痛减轻了或者消失了。这个进路也使进化成为中心。为了解释这种新型现象的突现,有必要追溯中央神经系统的自然史,从它的生物学起源到它 21 世纪初在人类中所具有的形式。有鉴于突现理论主要在进化史上做文章,那些按照记号—记号关系——这个心理事件由这个的特定大脑物理状态产生——定义这个问题的学者们,一般强调物理定律和 21 世纪初正在发生的微观物理事件,把它们作为理解意识的决定因素。这可能是好的物理学,但却是差的生物学。

我建议大脑突现和伴随的心理现象的进化研究代表了对这个主题的最自然的科学进路。毕竟,神经生理学涉及了较高级灵长类动物的生物结构和功能的研究,而且所有生物学研究都假定进化论是它们主要的理论框架(即使它还潜伏在背景中时)。因此,解释心理对物理的依随性,把它理解为进化突现的一个实例,需要一个不但是历时性而且是共时性的视角。心理属性不仅依赖于整个自然史,自然史导致了不断复杂化的大脑和中央神经系统进化,也依赖于特定时间的有机体物理状态。(就我们所知,尸体不具有**感受性**。)这种进化依赖关系既不是逻辑的也不是形而上学的——经常与心智哲学上的依随性关系关联在一起的两个必要条件。当然,主张心智属性的依赖性既是历时性又是共时性的,是我们对产生了像**智人**这样的有机体的高度偶然的自然史最好的重构。因此,我们最好将这个主张所引出的观点贴上**突现论的依随性**的标签。

从自然史的视角来理解这个依赖关系,代表了与心智二元论的坚定决裂,二元论通常否定了心智本质上依赖于生物系统的历史。因此,将注意力集中于心智的进化起源,是在争论中把突现论进路作为一个独立的本体论选择而区分出来的诸多标准之一。同时,心理与物理之间从属的类型—类型关系,也允许对心理的不可还原性给出的解释比与之相竞争理论所能提供的解释更强健。那么,这些不可还原性位于何处?怎样表征它最好?许多人转向了这些问题。

在前面的章节中讨论生物突现时,我注意到,复杂性的每个突现层级如何有助于促成对下一个层级的认识和理解。例如,这对于乔治·梅森大学生物物理学家哈罗德·莫洛维茨在21世纪初一本书里所辨别的28个层级中的每一个层级来说都是真的。① 因此,人们对自然史阶梯较早阶段所具有的知识,将强烈影响人们对较后阶段的理解,尽管不是完全决定。这似乎是自然史阶梯的一个普遍特征。或者——更通俗地说——知道你在哪里在很大程度上取决于知道你如何到达那里。

▶▶ 4.8 走向心智的突现理论

在我所辩护的观点里,意识是这个自然界中的又一个突现性质。称此观点为**突现一元论**。如果在宇宙的进化过程中只有一个强烈的突现属性出现,那么这个观点将被证伪。在那种情况下,人们将不得不接受某种形式的世俗二元论:一直到某个点之前,宇宙从根本上是物理的,然后心理状态出现,之后,宇宙(或至少它的某些部分)既是物理又是心理的。相比之下,如果——看来实际上是这种情况——自然史产生了众多实体,这些实体佐证了一系列具有层级秩序的突现性质,那么突现一元论将获得支持。在前面的章节中,已花了很大的工夫来说明这个主张的内容。现在是时候看看这种观点暗示了哪种心智理论。

显而易见的挑战是能否形成一个突现论的心智理论,该理论既充分与神经科学的解释力相调适还解决了难题:心理状态因果影响的独特性质。在此有一种确定的动力去追求这样一种有点类似于骑跷跷板的理论。如果你拼命地远离心理的那一端,那你就陷入神经生理学细节的沼泽中,并不能找到任何心智因果关系。然而,如果你拼命地远离物理的那一端,结果就处于纯粹心理术语世界里,没有与大脑保持任何联系。我们所寻求的平衡,把心智设想为一种从大脑中突现出来的性质,尽管它不同于大脑,但仍毫不间

① 参见哈罗德·莫洛维茨:《万物的突现:世界是如何变复杂的》,纽约:牛津大学出版社 2002 年版。

断地依赖于它的原生物基础（术语"突现依随性"由此而来）。心理事件，尽管是进化史的一个成果，但众所周知它们不能还原到产生它们的神经系统，部分是因为它们发挥的因果作用超过了它们所依赖的物理事件的总和。

就这个观点尝试公平对待心理现象的第一人称经验的方面来说，会有些人指责它在意识问题上不够物理主义。他们争辩道，没有任何理由在谈起意识状态的时候，认为它代表了一种新的事件的突现，尤其不是那种自身带有因果力的事件。然而，就这个理论把心智解释为进化史的自然产物的方面来说，其他人会指责它出卖自己，把意识降低到物理主义。在斯库拉和卡律布狄斯之间我们扬帆启程（或者，对荷马来说更真实，为所有值得我们拥有的而努力划行）。

在沉舸遗骸间航行

对心智的本质讨论，给读者呈现了若干抉择时刻，而且每个抉择将其引至一套新的选择方案。读者的这段航程可用诸多沉舸遗骸来绘制成图，先前开拓这段航程的哲学家们留下了这些沉舸。与其呈现一个关于选择方案的调查，我打算据据主要的抉择点来确定讨论方向，指出突现论者在每个案例中将如何回应以及为什么那些回应是首选。

那么，想成为一个突现论者，你的选择是什么？在你能够迈出通向人的突现理论的第一步之前，你必须作出某些选择。例如，你必须已经拒绝了可还原物理主义，这个主义相信所有充分解释最终将由当代物理学术语给出。另一方面，你必须已经拒绝了实体二元论，这个观点认为有两种截然不同的实体（如在笛卡尔实体二元论中的**精神实体**和**广延实体**，思维和广延物质）。

当然，除了对那些希望避免可还原物理主义和实体二元论的人来说，除了突现理论，还有其他可用选择。在其他选择中，你可能会受诱惑倾向于两面一元论，该理论坚持这里只有一种实在或一个层级的实在，虽然有时以心智的模式来理解它，有时以身体的模式来理解它。这种最初的斯宾诺莎式观点使身一心问题变成与看待它的角度有关。因此，马克斯·威尔曼斯（Max Velmans）认为"第三人称的物理事实和第一人称的主观事实最终都不是真的"；尽管如此，人们可以**选择**四种不同的方式观察"实在的潜在基础"：比如"从纯粹的外部观察者角度出发观察到的心智操作（P—P），从纯粹第一人称视角出发观察到的心智操作（M—M），和涉及观察角度转换的混合视角解释（P—M；M—P）"①。请注意，严格说来，威尔曼斯的解释使物理主义和心智主义观点都为假：这两种观点可能都有用，但它们实际上并不反映世界*最终*所是的样子。出于这个原因，人们不禁要问，为什么他认为他有权谈及 X，X 在那四种不同的方式中被视为"心智操作"；在技术上他应该说："既不是物理的也不是心理的潜在实在"，这种实在显然不同于"心智操作"。此外，应该注意到：基于这个观点，大脑不能产生心理状态，任何神经性的事件也不能因果地影响心理状态。在那种情况下，心智进化的所有生物学解释都消失了。说心—身问题归结起来就是一个事关视角的问题，是否足够？

或者，你可能会转向泛心论，相信"它的心智一路降落"，就是说，致使每一层级的实在都具有某种心理经验。② 人们担心，双面一元论是通过回避心理事件问题来回答了这个问题，因为它没有为诸如中枢神经系统之类的生物结构怎么会产生心理事件提供一个解释。泛心论，像二元论那样造就了一场坚定的形而上学转向，不幸的是，这个转向切断了它与科学在其他方面所能提供的证据考量之间的联系。当没有显示该立场为假的时候，通过这种方式坚定地进入形而上学，确实创造了某种与主要竞争对手不可通约的理论，使得难以评估其经验证据的优点。最后，直到 21 世纪初，你可能会认为，非还原的物理主义是一个有吸引力的选择。这一立场主张所有的东西最终都是物理的，但并不要求所有的解释均以物理术语的方式给出。不管怎样，所有的原因都必须是物理原因被证明是阿喀琉斯之踵：说是，结果你似乎是还原物理主义；说不，你终究不是一个真正的物理主义者。因此，

① 马克斯·威尔曼斯：《理解意识和大脑之间的因果互动》，载《意识研究期刊》9（2002），69—95，第 75 页。威尔曼斯引自他的《理解意识》（伦敦：劳特里奇出版社 2000 年版，第 251 页）最后几句。也参见他的专题论文《意识经验如何影响大脑》，载《意识研究期刊》9（2002），3—29。

② 跟随阿尔弗雷德·诺思·怀特海，大卫·格里芬倡导这个他称之为泛心论的观点。参见《解开世界的死结：意识、自由和心身问题》（加里福尼亚：加里福尼亚大学出版社 1998 年版），以及《没有超自然主义的返魅：宗教的过程哲学》（纽约：康奈尔大学出版社 2001 年版）第 3 章。查尔默斯在《意识心智》中也表示出对泛心论这个方向的兴趣。

我跟从金在权,认为这种观点是一种内在地不稳定的观点,而不是位于其他选择之间的有用的中间观点。①

然而,为了论证的缘故,让我们假设在前面的章节中已经使你相信,比之那些特定的竞争对手,突现具有优选性。下一个要做的选择是什么?第一个选择点位于理论的认识论和本体论之间。根据认识论版本,突现只与**我们**关于物理秩序的知识局限和/或我们如何知道的细节有关。最终,在本体论意义上,所有存在的都是物理系统,其行为由物理定律表达。这是我在第 2 章中称为**话语说法**突现的观点。显然,更强健的——肯定就越模糊的——突现版本站在了分水岭的本体论一侧。根据这些版本,突现蕴涵了这个世界中的一种真正的新型实在。再次为了论证,让我们假设你确信**话语说法**突现是真正的物理主义,同时对尚未得到解释的物理系统持更为宽松的态度。如果物理主义是不可接受的,**话语说法**突现也解决不了它的问题。

本体论的观点,依次再分为那些只接受突现性质和那些同时接受突现因果力的观点。不附带因果关系的突现性质的观点与相信所有这些**实际**存在是受物理定律支配的物理对象的信念相一致。从这一观点来看,正是像我们自身这样的非常复杂的物理客体产生了一些颇不寻常的性质,如思考世界和平,喜欢巧克力冰淇淋,或打算明天打橄榄球。这种心理属性,尽管它们存在,它们自身却不**做**任何事情,所有的"做"发生在我们所建构的那个物理过程的层级。

因此,心理因果关系是辩论的关键。根据这种观点,自然界结构化的部分,即你的心理活动,在影响其他心理发生的过程中起了因果作用——并且想必,因此,也对身体行为发挥了因果作用。从而,迈克尔·西尔伯斯坦按照因果问题来定义突现属性是正确的。它们是

系统或整体在质上的新属性,它们具有因果力,这个因果力不能还原到最基本组成部分所具有的任何因果力。这样的属性潜在地甚至不能还原到最基本组成部分之间的关系。突现属性是系统作为一个整体的性质;这样的属性既把基本组成部分的固有性质包含在内,又向这些基本组成部分施

---

① 参见金在权《物理世界中的心智》,这本著作包含了金在权在 2004 年之前的 8 年中批评非还原物理主义的参考文献。

加因果影响,这种因果影响与基本组成部分自身的因果力既相一致又明显不同。①

需要注意的是,把因果影响赋予突现属性,必定会对人们的本体论有所影响。毕竟,如果我们不得不把因果作用归于这些属性而不是把它们当成副现象,这些属性必须以某种更强劲的意义存在。

那些接受突现力存在的人们不得不在代表他们想法的较强主张和较弱主张之间进行选择。人们最终接受的许多心智理论将取决于你给予突现因果力多强的解释。人们能够捍卫的突现因果关系最弱的形式(范·古利克Van Gulick 的"特定价值的突现")在于坚持整体与部分必须具有同类特征,但可能具有那种类型的不同子类型或价值。因此,例如,汽车及其零部件都有重量,但汽车比它的构成具有更多的东西。一个更强的版本(范·古利克的"适度类型的突现")将允许整体具有与其组成部分不同类型的特征。这是我在第 2 章"整体——部分约束"的标题下检验过的突现观点。然而,心智因果关系最雄心勃勃的形式,我称之为**强突现**,补充了一条:一个复杂系统的整体性特征对其组成部分的事实的总和而言不是必要的。范·古利克称这种观点为"激进类型的突现"②。他指出,接受激进类型的突现就是坚持"世界具有真实的特征,这些特征存在于系统或复合层级,支配此类系统组成部分之间相互作用以及组成部分的特征的那些类定律规则,不能决定该系统或复合层级"③。

心理因果关系的挑战

现在,人们很可能希望有一个关于心智独特性的更强的陈述。例如,你

---

① 参见迈克尔·西尔伯斯坦:《解释意识:聚合突现》,在图森市亚利桑那大学 2000 年意识年会上的演讲稿,参见 www.etown.edu/philosophy/pdf/vergemerg1.pdf(2004年 2 月 26 日核实),I. 参见西尔伯斯坦:《突现与心身问题》,载《意识研究期刊》5(1998),464—482,特别是第 468 页,以及西尔伯斯坦、约翰·麦克格威尔:《突现本体论研究》,载《哲学季刊》49(1999),182—200。

② 参见罗伯特·范·古利克:《关于心身问题的还原、突现和其他新近的选择:一个哲学综述》,载《意识研究期刊》8(2001),1—34。

③ 罗伯特·范·古利克:《关于心身问题的还原、突现和其他新近的选择:一个哲学综述》,载《意识研究期刊》8(2001),1—34。第 18 页。

也许希望将人类设想为对宇宙结构来说是基本的。我们希望我们的意向和目标具有重要性;我们希望我们的思想和感情具有因果效用;我们希望我们发现有意义的事物(或:我们*希望*是有意义的事物)真的*是*有意义。在下一章中,我会关注有关具有质的独特性的主体存在的更形而上学的理论。但是,首先有必要退后一步,估量甚至由更极简的心理因果性理论所产生的困难。

主张强突现(激进类型突现)及其下向心理因果关系的代价是什么?一个代价涉及否定科学研究和科学方法的危险;另一个是担心不能阐明神经状态的进化;第三种涉及了不能够解释心理因果关系在何处扎根以及当它起作用的时候为什么这样起作用。让我们依次考虑这三种危险。

回想范·古利克的观察,对于激进类型的突现来说,"世界具有真实的特征,这些特征存在于系统或复合层级,支配此类系统组成部分之间相互作用以及组成部分的特征的那些类定律规则,不能决定该系统或复合层级"。(第18页)乍一看,这个事实似乎为科学地研究人类有机体和他们的大脑提出了一个难题。对应用到大脑研究中的标准科学方法而言,基本的做法是:无论一个系统是什么,假定它的宏观属性最终是由该系统微观性能之间的关系的总和来决定。当电脑运行一个程序的时候,知道你电脑里所有寄存器的状态,*就是*知道系统的状态,并不存在关于"程序表征了什么"的事实——想象它正在处理一幅蒙娜丽莎的图像——与计算机的运作因果地相关。难道这种情况和人类大脑不相类似吗?

现在的问题十分严重。神经生物学家威廉·纽瑟姆(William Newsome)21世纪初挑战了以下观点:在不需要根据*在先*的大脑事件来叙述完整的因果故事的情况下,心理事件能够引起新的大脑事件。他写道:

我不接受不伴随低层级因果关系的高层级因果关系的概念。在神经网络的例子中……我完全愿为较高功能层级的实现不能简单地依据较低层级来理解的观点辩护。但网络中任何高层级的因果关系都是通过较低层级的因果机制来*介导*的。网络"发现"的不论何种算法对于我们理解网络来说,都是既"实在"又至关重要的。但这个算法并不在网络之中通过任何的神秘力量拉拽计算机芯片来显示自己。它完全通过标准的物理力量介导而成。有什么证据显示了高层级因果箭头在低层级因果箭头缺席的情况下控制了事件?①

任何心理因果关系的理论必须解决纽瑟姆的挑战。情况似乎很明显，必须根据高度复杂综合系统的突现效应来给出答案，这个突现效应从属于作为整体的该系统，但不从属于该系统的各个单独的组成部分。有些不太可信的解释认为：心理影响只在大脑组成部分的层级上占有一席之地。例如，哪里会是切入点所在：像南希·墨菲(Nancey Murphy)和托马斯·特雷西(Thomas Tracy)在神学语境中所争论的那样，"心智"会影响大脑物理中量子力学的不确定性结果吗?② "心智"会改变特定突触中的化学成分吗？或者像罗杰·斯佩里所相信的那样，心智只在"大脑作为一个整体"的那个层级发挥它的因果作用？ 在某一点上，量子的不确定性似乎为心理因果关系提供了理想的开端。③ 不幸的是，当代的证据表明，量子效应(例如，叠加量子状态先于消相干)在到达神经化学过程的层级之前将被消除干净，而神经化学过程对大脑功能而言是基础。④

如迈克尔·西尔伯斯坦(Michael Silberstein)已经表明，一些标准的科学工具有助于解释这种整体——部分影响，包括非线性动力学、混沌理论和复杂性研究领域。⑤ 虽然"奇异吸引子"的作用和敏感性依赖于这些系统中的初始条件，显示了某些与心理因果关系的类比，但这里一定也存在着对大脑来说是独一无二的特征，这些特征在解释中扮演了不可或缺的角色。⑥这个解释中至关重要的特征是对可分解性的否定：心理事件不能仅仅是个

---

① 威廉·纽瑟姆，斯坦福大学，源于个人交流。

② 参见南希·墨菲：《自然秩序中的神性行为：布里丹之驴和薛定谔的猫》，以及托马斯·特雷西：《特别的普罗维登斯和缺口的上帝》，载罗伯特·J.罗素、南希·墨菲、亚瑟·皮考克编：《混沌与复杂性》，梵蒂冈：梵蒂冈瞭望出版社 1995 年版。显然他们指的是超验心智的影响，但是这同一个动力在原则上有可能支持自然的心智因果关系。

③ 参见亨利·斯泰普：《心智、物质和量子力学》，柏林：施普林格出版公司 1993 年版。

④ 参见C.塞弗：《冰冷的数字消除量子心智》，载《科学》287(2000 年 2 月 4 日)，以及马克斯·泰格马克：《量子大脑》，载《物理学评论》E(2000)，1—14。量子物理学家亨利·斯泰普反对这个观点，他计算出细胞微管的尺度能使和钠离子联系在一起的量子效应能量影响释放，从而影响突触的化学组成(个体的交流)。

⑤ 精彩描述参见迈克尔·西尔伯斯坦：《聚合突现：意识、因果和解释》，载《意识研究期刊》8(2001)，61—98。

⑥ 人们必定会提出以下问题：在这些拟议的系统中，对于心智事件多于它的(非心智的)部分之和来说，是否有充分的自发性或游戏性或不确定性?

体神经元激活潜能的某种集合的一个简称。正如回答"连接问题"——多个记录如何连接在一起以使在记忆中保留的是一个统一的映像或经验的问题——转换成发现那些使它们成为一个独立系统的特征，于是，心理因果关系问题需要在一个充分的系统层级上给出答案。

极简主义的回应：不附带心理因果关系的符号表征

　　极简主义对这个挑战有一个回应。诸如学习、感知或表现这样的认知功能，人们可以在生物系统中寻找与其最接近的可用的类比物。这个思想流派是种功能主义取向：如果可以在人类认知功能和某种特殊生物系统之间建立足够强的类比，那么（据称）坚持生物系统参与了讨论中的认知活动是合理的。因此，例如，只要人们将学习定义为"探测环境与通过适应性变化改进性能的结合"，非人类的复杂适应性系统可能会被认为是"学习"①。显然，从原始生物到灵长类大脑，这些系统记录了来自它们环境的信息，并用它来调整未来对那个环境的反应。这样做有一个直接的后果，就是与公认的标准心理学解释比较起来，学习在生物圈中更常见并且出现得更早②。

　　在心智哲学中，马克斯·威尔曼斯已经提供了极简主义回应的精致版本。威尔曼斯问道：为什么大脑不能被理解为一个表征系统——不是因为它产生了心理表征，而是因为它（或更准确地说，特殊的大脑状态）与我们可以称之为表征的外部世界有一个特定的功能关系。如果在内部大脑状态和外部世界的某些部分之间具有形态的相似之处，并且如果对有机体来说，这些内部状态是作为那个世界的一幅图像来运行的，那么（他声称）大脑本身可以被解释为一个表征系统。威尔曼斯坚持，例如，大脑中视觉映像的表征曾被传统地认为是一种心理现象，现在可以构想它而无须诉诸心理。

①　彼得·舒斯特：《RNA分子和病毒如何探索它们的世界》，载乔治·考文、大卫·派因斯、大卫·梅尔泽编：《复杂性、隐喻、模型和实在》（圣菲研究所关于复杂性科学研究的会议文集），19；雷丁，马萨诸塞州：艾迪生韦斯利出版公司1990年版，383—414。同时参见布鲁斯·韦伯、大卫·J.迪普编：《进化和学习：反思鲍德温效应》，剑桥：麻省理工学院出版社2003年版。

②　参见玛克辛·希茨—约翰斯通：《意识：一个自然史》，载《意识研究期刊》5(1998)，260—294，以及罗德尼·科特里尔：《意识的发展是来源于自主地探测环境而非反射吗？》载《大脑和心智》1(2000)，283—298。

这只存在于世界中的猫以及猫的神经表征都是自然系统的一部分;没有需要引入像理念或形式这样的非科学的心智"事物"。原则上,这些大脑表征的出现也可以仅仅算作是一种比植物和它的环境之间的反馈环(前一章考察过这个反馈环)更复杂的形式。这将提供一些与威尔曼斯所捍卫的"现象意识的自然解释"相类似的观点①,但是摒弃了他那个不需要引入心理原因的观点。

现在,实际上威尔曼斯选择在两面性理论的语境中解释这种表征模式。"你的现实",在他看来,"既不是物理的,也不是心理的":"从外面看,你的心智的操作显得像是大脑的操作。从第一人称的角度观察,你的心智操作显得像是意识经验②。"我用上面的两面性理论考虑过某些问题。然而,就21世纪初目的而论,注意到刚才给出的模型不**需要**两面性解释;它也可以当作一个表征关系的物理主义重铸。也就是说,没有突现,意识的故事可以被如此重述以至于思想和意图没有发挥因果作用。威尔曼斯的图表很好地表达以下挑战:如果人们把因果相互作用限制在世界和大脑中,心智就会像是在系统之外出现的一种思想泡沫。

更激进的是特伦斯·迪肯的建议:表征和意向性行为已经可以在第一个自再生细胞的层面上被识别出来。③ 一旦一个具有自我再生能力的信息结构用细胞壁包纳起来,对迪肯来说,它就算作是这个世界的一个表征。它是——或人们应该最好说:它起的作用好像是——一个关于世界的假说,这个假说即:这种类型的结构能够成功繁殖并因此获得足够的选择性优势来得以生存。根据迪肯,人们可以正确地说生存是单细胞有机体的"意向"。当然,意向和内部状态在进化过程中大规模地发展得更为复杂,而且更复杂的结构所能够形成的内部结构性信息状态(各种意向)完全超越了简单有机体的范畴,如对符号语言的使用。但好像通过复杂性的进一步增长,并没有本体性的新东西出现。表征、有目的的行为、各种意向——所有这些都在生物进化的最早的阶段已经出现了,尽管当时只具有初步的形式。④

---

① 马克斯·威尔曼斯:《理解意识》,伦敦:劳特里奇出版社2000年版。
② 威尔曼斯:《制造意义》,第74页。
③ 特伦斯·迪肯:《突现的层级逻辑:解开进化和自组织的相互依赖》,载韦伯、迪普编:《进化和学习:反思鲍德温效应》。
④ 迪肯明确地把他的概念和C.S.皮尔士的符号学联系起来。

像这样的论证很难评价,它们易于产生两种强烈的和对立的反应。支持者把它作为一个长处:诸如表征和意向性之类曾经和心理联系在一起的那些特性,在此无须诉诸任何独特的心理事物而得以重建。难道这没有证明那些努力是成功的吗?但批评者在相同的地方找到了这些概念的弱点:这些解释是为早期进化阶段、或大脑状态与世界状态间的形式的相似之处所定制的,尽管他们揭示了有趣的类比,但并没有捕捉到心理事件的特别之处。超出相似性之外——在这个案例中,指意识突现和复杂系统中先前的突现实例之间的相似性——还存在差异,这些差异至今仍然无法解释。

例如,威尔曼斯的概念允许生理上截然不同的生物系统之间的同构(猫和由观看猫所产生的大脑状态)。但是,如果人们打算保留心理主体,同构就还不够;不仅为了相关性("知道")而且也为了知道某人知道,即,为了认识到关系而必须留有余地。正如E.J.罗尔(E.J.Lowe)所争辩的那样:心理事件都必须有特定的目的。某人做了买辆车或起床或唱 *Krönungsmesse* 的心理决定;它们是离散的决定,而不是混杂状态。相反,神经事件是"不可分割地纠缠在一起的。"[①]物理行动是一个相互关联的大脑事件网络的产品;这里没有代表"决定打开门"或"决定拿起你的书"的神经前因的离散组群。因此,我们无法给出根据神经学术语来表达那些决策步骤的物理说明。反而,"我们想到每一个决定,就如同产生了只有它的'自己的'活动,并且这些决定无助于完成其他的决定,它是个独立的活动;放弃这个思想实际上是放弃作为现象的常识构想的心理因果关系"[②]。我们要么必须完全放弃心理因果关系,要么我们必须懂得它是多于一组特定神经事件的事物。

对已解释状态的需要也出现在中文屋案例(约翰·塞尔 John Searle)中。在这个例子中,想象了一个不懂汉语的人被锁在一间房里。他接收来自房间之外的输入,这些输入具有汉字的形式;他有一些规则能够把这些符号转换成其他符号;他向房间外的人传送那些转换过的符号。[③] 房间外说汉语的中介人懂得他们输入的是些问题,他们将他的输出解读为答案。但是这个可怜人完全不知道这些;就他而言,他仅仅是在"操纵未经翻译的形式符号"。

---

① 参见E.J.罗尔:《心智的因果自主性》,载《心智》102,408(1993),639—644。
② 参见E.J.罗尔:《心智的因果自主性》,载《心智》102,408(1993),639—644,第640页。
③ 约翰·塞尔:《心智、大脑与程序》,载《行为与大脑科学》3(1980),417—424。

只要中文屋案例中的符号缺少一个使得它们具有意义的解释，它们就仅仅是些句法结构，与其他结构处于特定的形式关系中。相比之下，心理表征包含了知道一件事（例如，一个想法）代表着另一件事（例如，世界上的一个客体）的语义状态。因此表征关系包含了进化过程中的一个层级，该层级不同于之前的层级而且不可还原到那个层级。在某一时间点，只有形式关系或功能关系存在，在之后的某个时间点，出现了一些个体，并且它们能意识到这些关系、能有意识地解释这些关系、并且因此能够从这些关系中得出进一步的推论。在某个点，符号学让位给一个翻译过的或有意义的语义学。这种特别的突现属性或多或少地比进化史中较早突现的属性更新奇吗？这个很难说；有关新颖性的判断是出了名的不稳定。然而，难以否认这些类型的属性确实存在（必须对它们有充分的理解才能否定它们，理解它们看上去就是承认了它们的存在）。如果某些特定类型的神经生理结构不存在，这些新颖性将不会被经验到，并且还不同于它们所依赖的在先的语义属性。

▶▶ 4.9 假设和赌注

在 21 世纪初的这些章节里，我已经考查过意识突现有什么独特之处。我认为，在这个意义上，强突现符合神经科学的数据和对大脑功能的约束条件。同时，它具有按照心理因果关系来构想心理活动的优点，很好地与我们自己的心理主体经验相符合。

有两个假设巩固了这些结论，我现在应该把它们清清楚楚地摆上桌面。一方面，我已经假设，如果给出的心理影响的解释与自然科学不相容，那么将会有一个生动的论据来反对它。亚里士多德的隐德莱希教条，例如——未来的，从而仅仅是潜在的模式把自然过程拉向它们自身——正是以这种方式与自然科学不兼容。一种认为理念直接改变了突触接缝的化学成分的理论，引起了类似的问题。因此，心理影响的理论并不能意味着心智的干预将介入单个神经元。神经科学家罗杰·斯佩里赞同一个类似的约定：

发挥下向控制作用的较高层级现象，并**不破坏**或**干预**较低层级组成部分活动的因果关系。相反，它们**依随发生**，并不改变微观相互作用本身。这些微观相互作用和所有的基础结构组成部分的相互关系变成是被嵌入其内,被包围起来,并作为一个结果随后立即被一个作为整体的更大的总体系统所具有的属性的动力所移动和携带,在这个案例中,总体系统指的是轮子或心智/大脑过程,他们有自己不可还原的较高层级的因果相互作用形式。①

另一方面,我已经假设了人们应该在那些与神经科学成果相兼容的哲学理论中进行选择,部分地,基于它们是否能够为心理因果关系保留一席之地……即使结果超出了我们21世纪初所知的科学。

这两个假设相当于下了一个双注。它是这样一个赌注,首先,最终获胜的解释不会被强迫放弃心理因果关系的一席之地,其次,最终成功的解释将不能使大脑科学研究失去价值或使这样的研究不相干。第二点至关重要:心智理论变得越不可检验,越是变成对科学的一种侮辱;而且我现在在假设,一个给定的心智理论对科学是种侮辱的这个事实,至少是代表了拒绝它的表面理由。接受双注解释了为什么今天大多数哲学家拒绝笛卡尔的二元论。迄今为止,笛卡尔的心智实体无论如何与物理世界毫不相干(因为它完全属于另一个世界),大脑科学永远无法告诉我们关于笛卡尔心智本质的任何东西。相反地,建立在神经放电的随机规律基础上的解释永远无法独自解释思维,因为他们没有为理念留下向大脑和中央神经系统发挥因果效应的空间——并从而对这个世界中的人们的行动发挥因果效应。

▶▶ 4.10 科学和现象学的主体因果关系

那些已经试图为心智的不可还原性辩护的哲学家们,有时会从雄心勃勃的关于"一个主体必须是什么"的理论着手。例如,威廉·罗(William Rowe)一直拥护由托马斯·里德(Thomas Reid)形成的主体因果关系的必要条件:"(1)X 是一个有*能力*导致 e 的*物质*;(2)X *发挥*力量以导致 x;(3)X 有*能力*限制 e 的导出"。建构在这种解释中的强健的形而上学,使得它同科学的严肃对话,如果不是不可能,也会很困难。任何适当的进路都必须花更

---

① 罗杰·斯佩里:《为心智主义与突现的互动辩护》,载《心智和行为期刊》12(1991),221—246,第230页。

长的时间来研究自然科学和社会科学中与心理经验的理论有关的数据。例如,现象学提供了一种分析,这种分析承诺在没有大量导入本体论的情况下,提供关于心理因果性的数据。

至少回溯到威廉·詹姆斯(William James)的《*心理学简明教程*》①,一直有大量的研究致力于使用不可还原的心智术语来对心智进行现象学研究。詹姆斯非常强调意识流,它是一种特殊形式,在人类这个层级上,**注意力**体现在意识流中。在个别章节里,他也考虑了其他现象中的意愿、习惯和思维的影响。21 世纪初一些有趣的神经科学著作涉及了对修炼中的冥想者使用实时脑部成像技术,观察他们处于内省状态和给出现象报告的过程中的脑部成像(例如,理查德·戴维森 Richard Davidson 著作中的案例:藏传佛教僧侣)②。马图拉纳(Maturana)和瓦雷拉(Varela)的早期著作为这样的研究创造了条件,他们的早期著作中描述了有机体与其环境之间的"结构耦合",没有试图解释掉这个关系中的心理方面③,在瓦雷拉的后期著作中,把这个进路转变成一个主要的研究纲领④。对心智和大脑这两个互动层级的全面分析,将不得不包括关于心理经验的实践现象学报告,这些心理经验源自中枢神经系统的刺激,也包括对实践者的实时脑部扫描,那些实践

---

① 当然,历史还要回溯到更久远之前。一个完整的历史处理方法将必须包括亨利·柏格森,在他之前的威廉·狄尔泰和威廉·文德尔班,以及他们之前的弗里德里希·施莱尔马赫——最后继续追溯到奥古斯丁。

② 参见理查德·戴维森、安妮·哈林顿编:《共情的幻觉:西方科学家和藏传佛教徒对人性的检测》,牛津:牛津大学出版社 2002 年版。这项工作的概念背景包括朱利安·M.戴维森、理查德·戴维森:《意识的心理生物学》,纽约:纳姆出版社 1980 年版;以及保罗·埃克曼、理查德·戴维森编:《情绪的本质:基本问题》,纽约:牛津大学出版社 1994 年版。

③ 汉伯托·马图拉纳、弗朗西斯科·瓦雷拉:《知识之树:人类理解力的生物学根基》,修订版,由罗伯特·保鲁西翻译(纽约:兰登书屋出版社 1992 年版)。

④ 在弗朗西斯科·瓦雷拉、乔纳森·希尔编:《从里面看:意识研究的第一人称进路》(俄亥俄州鲍灵格林:印记学术出版社 1999 年版)以及瓦雷拉最后一本书,和娜塔莉·德普拉兹以及皮埃尔·维尔梅西合编的《关于变得知道:经验的语用学》(阿姆斯特丹:J.本杰明出版社 2003 年版)。瓦雷拉理论进路的关键要素在他和温贝托·马图拉纳合著的《知识之树》中有所描述,以及他和埃文·汤普森、埃莉诺·罗施合莉的《具身心智:认知科学和人类经验》(马萨诸塞州,剑桥:麻省理工学院出版社 1991 年版)。同时参见埃文·汤普森编:《我们自身之间:意识研究中的第二人称问题》,索维顿:印记学术出版社 2001 年版。21 世纪初瓦雷拉的早逝,悲剧性地切断了他对这个领域的贡献。

者首先将自己置于一种特殊的心理状态。像被用于这些研究中一样,现象学方法由于其在本体论上的极简主义,对科学研究也尤为有用。通过最小的先验解释,使经验到的意识的质与大脑状态的变化相关,然后该关联性自身又导致了关于那种关系的本质的理论化。

让我们暂时假设:这样不可还原的心理状态的突现是允许的,并且它们不需要一种诸如心智这样的不同类型的实体为基础。于是,人们想知道,如何理解这些现象学谓词?假设他们不只是副现象的,而且具有某种因果关系的影响,它们表现了哪种因果关系?遵循悠久的传统,我会对各种形式的因果关系做个概述,通过在标题"**主体因果关系**"下进行的这类现象学研究,揭示这些因果关系。也就是说,存在一类突现的因果关系,它与现象学层次的经验到的因果关系相关联,而且现象学层次的经验到的因果关系不同于其他形式的物理因果关系或生物因果关系。

通过在此语境下引入主体因果关系,我想把注意力集中在一组我们易于把它们认作是同一种类型的特质或心理属性,而不是一开始就预设一个具有某种本质属性的特殊实体。① 后面那个进路倾向于支持自上而下的基于主体(或通常说,主体们)先在性质的心理现象解释,在和神经科学的整合中,它带来的障碍比刚才总结过的现象学研究带来的障碍更大。例如,辩论一方面需要自由意志的概念,另一方面是以物质为基础的研究进路的形而上学假设,不可避免地将注意力从实证方面的考虑转移开,而一个以科学为基础的突现论必须寄居于实证方面的考虑。与这些进路成对比,21世纪初的进路迫使人们关注个体的心理的质,心理的质可能参与了同原生神经生理学层次的因果相互作用。

不得不推迟一下"这些不同特质的统一体位于何处"这个问题。因为关于主体形而上学情形的猜测有一个不同的认知状态。(下一章我会回到这个问题。)只有形而上学的极简主义这个研究主体的进路,能够与科学数据和研究模型保持。可以用这种方式来研究事件和自然状态;有关物质的

---

① 人们在威廉·哈斯克的《突现的自我》(纽约伊萨卡岛:康奈尔大学出版社1999年版)中所描述的这个方向里发现了某种倾向。在其他案例中,关于真实的主体的讨论似乎反对相容论,在蒂莫西·奥康纳编:《主体、因果和事件:关于非决定论和自由意志的论文集》(纽约:牛津大学出版社1995年版)一书中有一些论文是反对相容论的,例如奥康纳自己的论文:《主体因果关系》。

陈述则不能。总之,这个方法论的假设变成了:"缺少行动的主体、非变化中的变化主体、撇开了统一过程的统一体并不*存在*。主体,主体,统一体都被设想成是从先前物理事件彼此的动态关联中突现出来的。"①

在突现论研究纲领的语境中把科学和现象学结合起来,允许(和需要)这种人类主体的开放式研究。例如,人们可以探讨生物学家关于个体发育研究和心理学家关于发展研究之间的平行状态:

婴儿偶然遭遇他的世界可以导致反复的大肌肉运动技能或小肌肉运动技能。这些依次扩大了他的世界范围,试着发声的过程可以导致意义的产生。认知技能最终发展,并且两岁时的身体自主性变成青少年的智力自主性。人类的循环图式就是我们所说的习惯:起初是偶然的操作重复发生,然后有意识地实践,并最终成为日常行为。②

这种进路的关键是不将对人的研究与自然科学研究置于竞争中。正如威尔弗里德·塞拉斯(Wilfrid Sellars)在一篇经典论文中所述:

人的概念框架不是什么需要*与科学的形象**和解*的东西,而宁可说是要*加进*科学形象中的东西。因此,为了完成科学形象,我们需要用来充实它的,*不是*更多关于案例是什么的不同说法,而是共同体语言和个体意向,以便通过使用科学术语来分析我们想要实施的行为以及我们打算实施行为时所处的环境,我们像所设想的那样通过科学理论*直接*把世界和我们的目的联系起来,并使它成为我们的世界……③

主体因果关系的突现论理论指向哪里?对人的研究不仅涉及我们能够收集到的关于大脑及其运作的所有知识,也包括对思维突现层级的研究,*对思维进行描述和解释不仅要依据它的物理输入和物理性质,还要依据它自身明确的本征*。生物系统在"实施确定的行为"时已具有"末端支配的习性",或是后天习得的或是基于基因天生的。④ 在此基础层级系统上建立了

① 南希·弗朗琴贝瑞:《突现范式和神性因果关系》,载《过程研究》13(1983),202—217,第204—205页。

② 辛西娅·S.W.克瑞斯戴尔:《修订自然定律:从经典范式到突现的可能性》,载《神学研究》56(1995),464—484,第474页。

③ 威尔弗里德·塞拉斯:《科学、感知和实在》,纽约:人文科学出版社1971年版,第40页。

④ 威廉·A.罗斯切夫:《道德主体的生物学和心理学》,剑桥:剑桥大学出版社1998年版,第19页。

第二层级的动机系统，它由"将要实施的有关行动的信念和欲望"组成。这个动机和习惯系统依次又被包含了更高阶认知过程的反射层级所影响。①每个层级在解释个人存在的现象时都起了必要的作用，并且每个层级所起的作用都不能被其他层级的贡献所取代。

作为其结果的突现论人类学始于把人类作为**心理—躯体实体**的概念。我们显示了生物和心理两个方面的因果特征，并且两者处于一个相互联系的方式中，在这个意义上，人类既是躯体的又是心智的。以一种类似于其他遍及生物圈的突现现象的依存关系的方式，心理特征依赖于物理特征。同时，像早先的突现实例一样，心理特征与较低层级的属性不是同一类型，它发挥一种仅在心理层级上显示出来的因果影响。

请注意这场辩论不仅涉及解释的充分性；也涉及本体论——（至少）涉及在与世界有关的描述中人们愿意支持哪种性质。毕竟，在关于人的物理主义和非物理主义观点之间进行的辩论，不仅同科学有关，也同何物实际存在或真正存在或终极存在有关。人们肯定要问：物理主义者所支持的那些性质——毕竟，物理主义必定意味着"或者与物理方法有关"——是人类具有的唯——种性质吗？在辩论这个问题时，重要的是从现象的**最佳解释**本体论中区分出现象本体论（即，正如我们所经验的世界）。例如，一个文化人类学家，可能会注意到，她正在研究的主体告诉她：和动物灵魂进行的一些讨论，对她抵达他们的村庄给出了解释，而这与她经验的世界相冲突；或许他们认为他们其中一个祖先的灵魂附身于她。在**描述**他们的信念时，她暂时停止了对他们信念的真实性的判断，试图尽可能准确地再现他们眼中的世界。然而，在她的解释中，她将感到能自由——的确，这对她是必需的——提供那些运用了她的人类学家同事们所接受的本体论的解释，因此那些解释还暗中评价了她的被调查者的信念，尽管这种本体论可能与被研究的主体所持有的本体论严重背离。

在对主体因果性的解释中出现了一个类似的问题。这里辩论中的关键问题是：有多少思想内容和主观经验被保留在人们对现实世界的解释中，也就是说，在对人的经验的正确说明中，它们当中有多少起了因果作用。一些

---

① 威廉·A.罗斯切夫：《道德主体的生物学和心理学》，剑桥：剑桥大学出版社1998年版，第20页。

理论家捍卫一种解释学本体论,认为本体仅由大脑和其他身体器官以及它们的状态构成。相反,其他人则认为心智和身体都表征了原初实体,被定义为根本不同类型的事物(思维实体和广延实体)。其他思想家(如社会行为学家)仍然坚持大脑和它们的社会语境都存在,即,大脑和我们通过关于社会语境的说明所承诺的那些事物。我在这里捍卫过的突现论观点认为,正确的解释学本体论不得不包括多层级的"真实存在着的属性",因为大脑、心理属性和人际关系的结构都发挥了因果的能动作用。

▶▶ 4.11 基于个人的解释与社会科学

让我们暂时假设:已经为心理因果创造了一个充分的案例,而且没有概念性的障碍挡在半路。人们现在想知道:心理因果研究的组织原则是什么?由于神经科学和现象学的研究在形成案例的过程中发挥了作用,它们显然被包括在内。但是,更一般地说,正是基于个人解释的概念将各种碎片拼接在一起。

不难形容"人"字通常意味着什么。作为一个人,意味着能够进入人类社会互动:赞美你的网球搭档,规划你下周五的晚宴,实施你明年五月大学毕业的打算——以及意识到(至少一些)作为道德主体和你享有同等价值和权利的其他人。这些就是人格的概念,是社会科学研究中(心理学、社会学、和文化人类学)的基础;它们在世界各地各种文化的文献中反映出来,也体现在多个宗教传统中。如果突现在生命进化过程中可见,那么它在人类文化中——在人类思想中,在技术探索中,在语言、信仰和时尚变化中——的演变中有多明显?

当然,这里有许多问题我们仍然不能确定。人格始于何时?它要求一个诸如引进灵魂或物质的人的形而上学基础吗?它是逐步发展和终结的吗?能从一个人的内部把它抹掉吗?它是一个法律的或社会的虚构、或形而上的现实吗?如此广泛的哲学问题对完整定义人格至关重要,因此也是神经科学家、哲学家和神学家非讨论不可的部分,如果他们打算发现任何共同点的话。

所以,人格只能在一定程度上被分析,不能被完全翻译成身体或大脑状态——无论我们的神经科学将是如何完备。当然,它预设了那样一些状态;人格还表征了一个解释层级,明显地区别于我们在"硬件"层级上的解释。正如布赖恩·坎特维尔·史密斯(Brian Cantwell Smith)所述:

> 首先,[在物理解释中]你和我并不存在——*作为人*。我们可能是物质的、神圣的、社会的、具体的,无论是什么——但在物理学家的任何方程中我们并不扮演*人*的角色。我们是什么——更准确地说,我们的生命是什么,在物理这幅图景中——是一组轮廓不是很清晰、大致成线、并且在非常轻微地摆动的四维的虫或线:在时间中的存在远比空间中的存在久远。我们非常关心这些线。但物理不会,对于把它们识别为个人或统一体,或者把它们从那些在物理全体会议上可以被命名的无数其他虫中区分出来,物理什么都不做……①

物理学或生物学的语言和人格的语言只有部分重叠;人们不能公平对待那些只使用其他不同工具的人。为"人|"给出纯粹生物学基础的解释就像是说:因为一个俱乐部或教会没有财务上的可行性(如从某些来源接受收益)就无法生存,它*只是*经济学家用收入和支出来描述的经济单位。人们可能会说,这把充分和必要条件混淆了。有生命的身体和正常运作的大脑是人格的必要条件,但是在词汇表的"逻辑"中存在的巨大差异暗示了它们不是充分条件。人格不能被完全翻译成较低层级的术语;人们经验因果关系和独特的私人的现象性质(*感受性*)。但当然有更广泛的本体论可兹利用,例如那些涉及了道德谓词、宗教谓词,和各种关于人、自我、主体和精神的实词性解释的真实存在。我们将在下章回到这些话题。但21世纪初的理论没有承诺什么可以让我们立即就超越与这个层级相关联的心智和各种类型的解释(如个人的和社会的解释)。

这一点重要得足以在下面划线加以强调。一个基于主体的解释假设了:一个主体打算带来某种结果或目标,有(有意识或无意识的)理由认为某些动作会充当实现这个目标的手段,因为这个原因,主体采用了这些动作。因此,基于主体的解释是意向性的和目的论的。正如冯·赖特(Von Wright)所指出,"目的论解释的*待解释项*是一个动作,因果解释的待解释

① 布赖恩·坎特维尔·史密斯:《上帝,近似地》,未发表的论文,第3页。这篇论文简单总结了坎特维尔·史密斯在《关于客体的起源》(马萨诸塞州剑桥:麻省理工学院出版社1996年版)一书中更广泛的论证。

项是一个行为的意向性地非诠释项，即一些身体动作或状态。"①超出这个极简的框架，*这样*的个人主体概念就不需要引入与科学相冲突的形而上学包袱——尽管有些哲学家是这样主张的。② 例如，有可能采取这样的解释：在无须主张形而上学自由意志（"自由意志论"）的情况下，使用主体因果关系来进行解释。至少在原则上，基于主体的解释和生理原因的决定性影响是兼容的。③ 可以充分地说主体引起的行为是：

是由行为者带来的，行为者这样做是为了一些理由，这些理由使行为者所认为是合理的行为变得合理。我们可以称这样的解释为**意向性解释**。在鉴于他个人的态度来为其行为的合理性进行辩护，与把他的行为解释为他从其他态度进行推理后的结果之间，有一个明显区别。因此，必须承认在意向性行为中存在着广泛的因果性要件④。

关于人的形而上学极简主义是唯一的或最终的答案，并不是要点；事实上，接下来的章节里我会提供理由来反对它。不如说切中要害的是：关于个人主体的极简主义解释对科学地研究这个世界中的人类来说是充分的（和必要的）。现在，一个理论不仅可以被自由地描画在神经科学和认知心理学的基础上，还可以描画在整个社会科学的范围内：心理学、社会学、文化人类学等等。的确，考虑到贯穿人类文化的宗教仪式、典礼和信仰的普遍性，对人的全面理解大概也会不得不结合某种宗教方面的经验和那些研究它的社会科学学科。

正在进行的关于社会科学本质和方法论的辩论概括了（并把一些有益的新亮光洒到）这个讨论。两个对立的阵营都诉诸现代社会科学的两个交战的鼻祖，奥古斯特·孔德和威廉·狄尔泰。实证主义赞成社会科学中一

---

① 乔治·亨里克·冯·赖特：《解释和理解》，伊萨卡岛，纽约：康奈尔大学出版社1971年版，第124页。

② 里德和罗的观点在前面提过。但是可以在一些思想家的广泛的概念分析中找到一个相似的倾向，如理查德·泰勒：《行动与目的》（大西洋高地，纽约：人文科学出版社1973年版）；罗德里克·M.奇泽姆：《人与客体》（伊利诺伊州拉萨尔：Open Court出版社1976年版）；奇泽姆：《作为原因的主体》，载迈尔斯·布兰德、道格拉斯·沃尔顿编：《行动理论》（多德雷赫特：D.莱德尔出版社1976年版）；以及伦道夫·克拉克：《迈向关于自由意志的一个可靠的主体因果解释》，载《理性》27（1993），191—203。

③ 塞德·内德·马克斯恩：《相容论视角的主体理论》，载《太平洋哲学季刊》80（1999）1257—1277。

④ 约翰·毕夏普：《主体—因果关系》，载《心智》NS92（1982），61—79，第62页。

个主要的自然科学进路,允许社会科学与关于人类有机体的自然科学研究之间没有原则上的鸿沟。① 当今的狄尔泰主义者坚持人文科学致力于研究的对象与自然界的对象显著不同。自然界能够利用**因果**解释模式来加以把握,因为这样的事件真正的是一系列原因的产物。但人的行动需要**领会**或**移情理解**的方法,因为人类是主体,参与了理解他们自己的世界的事业。意向性行动可以只依据意向性逻辑来理解:希望、判断、信念、希望。②

战斗仍在继续。行为主义社会科学的成功、常被引用的艾贝尔为社会科学中的实证主义所写的实证主义宣言③,以及21世纪初快速发展的神经科学启动了新一轮战斗;于是,人文主义心理学家和更具诠释学倾向的理论家们归还了炮弹。④ 同时,善于分析的思想家仔细强调了对人的意向性行为进行解释和对世界中出现的事物进行因果性解释之间的差异,如在乔治·亨里克·冯·赖特(Georg Henrik von Wright)对意向性解释逻辑的详尽辩护中那样。⑤ 然而卡尔·亨普尔(Carl Hempel)试图把关于人类行为的解释归于他的演绎律则说明的一般模式下,其他领头的科学哲学家,如恩斯特·内格尔(Ernst Nagel)则强调关于社会行为的解释的独特性。⑥ 最

---

① 参见奥古斯特·孔德的 *Cours de philosophie positive*,译作《实证哲学概论》,由弗雷德里克·弗尔雷编辑(印第安纳波利斯:哈科特出版有限公司1998年版);在当今关于进化心理学的充分性或人类行为的生物学的讨论中,重新概述了这个讨论。对这个讨论有一个很好的回顾,参见约翰·卡特赖特《进化和人类行为:关于人类本性的达尔文主义视角》(马萨诸塞州剑桥:麻省理工学院出版社2000年版)。我跟从威廉·杜尔海姆集中于把生物和文化的共同进化作为更充分的解释语境,以此来反对这个关于人类行为研究的不充分的突现进路,参见杜尔海姆:《共同进化:基因、文化和人类的多样性》(斯坦福,加利福尼亚:斯坦福大学出版社1991年版)。

② 参见威廉·狄尔泰:《诠释学和历史研究》,由鲁道夫·马克瑞尔和弗里肖夫·罗迪合编(普林斯顿:普林斯顿大学出版社1996年版);狄尔泰:《人文科学概论》,由鲁道夫·马克瑞尔和弗里肖夫·罗迪合编(普林斯顿:普林斯顿大学出版社1989年版);狄尔泰把这个论据作为他更广泛的社会科学理论的基础来使用。这场讨论重新出现在威廉·文德尔班和其他人的著述中;参见文德尔班1894年的经典论文:《历史和自然科学》,由盖伊·奥柯斯翻译,载《历史与理论》19/2(1980),165—185。

③ 参见西奥多·F.亚伯在《社会理论的基础》(纽约:兰登书屋,1970)一书中对解释和理解进行了比较。

④ 参见汉斯-乔治·伽达默尔:《真理与方法》,由加勒特·巴登和约翰·卡明合编(纽约:西伯里出版社1975)。

⑤ 乔治·亨里克·冯·赖特:《解释和理解》。

⑥ 参见恩斯特·内格尔:《科学的结构:科学解释逻辑中的问题》,伦敦:劳特利奇和根宝罗出版社1961年版。

后的结果是更清醒地认识到，对个体和社会的行为除了给予基于因果的解释之外，还应该设定基于人的解释，安东尼·吉登斯（Anthony Giddens）将之描述为"双重解释学"①。对人的行为进行解释涉及研究者方面的建设性解释，在自然科学中的情形也如此。但同时研究主体*也*从自己的角度解释实验的状况——根据我们的知识，原子和细胞并不这样做——并且研究主体的解释总是影响其回应研究状况或问题的方式。

▶▶ **结 论**

人脑具备 10^{14} 个神经连接，是我们所知的宇宙中最复杂的相互关联系统。这个物体有一些*非常*奇怪的特性，我们称之为"心理"属性——如害怕股市暴跌，或者希望中东和平，或相信神的启示等特性。假设这些特征将依据生物学术语来得到完整的理解，完全就是一种假设，一个猜想，对未来的结果下的一个赌注。全力投身于对自然界的研究和理解，并不需要在人的问题上采取纯粹的生物学进路；更不需要认为人的行为必须通过一系列的解释科学而下向（最终）还原到物理学解释，或者更简单地说，所有的原因最终是物理原因。

说人是一个*心理—躯体的统一体*就是说人是处于世界中的一个复杂模式化实体，一个具有多种自然生成的属性的实体，他的每个属性必须通过*适合其自身复杂性层次的科学*来加以理解。我们需要多层次的解释，*因为*人是一个物理的、生物的、心理的和（我也相信）精神的实在，也因为它的实在的这些方面，尽管相互依存，但却不可互相还原。把这些多层级的存在称为*本体论多元主义*，并把对多层次解释的需要称为*解释多元主义*，我的论文就变得清晰了：本体论多元主义导致了解释多元主义。（或者换种方式：对解释多元主义的最好解释是本体论多元主义）。

在人类案例中*突现*的是一种特别的心理—躯体统一体，一个有机体，其心理和身体都可以发生作用。虽然心理功能弱依随于生理平台，但这两

---

① 安东尼·吉登斯根据"双重解释"来解释自然和科学解释中的区别，"双重解释"描绘了社会解释的特征。参见吉登斯：《社会学方法的新规则：对解释社会学的一个建设性批判》，伦敦：哈金森出版社 1976 年版。

组属性相互关联并在两个方向上都显示出因果影响。因此,我们需要从一个适于这个层级的复杂性的理论结构着手进行科学研究或模式研究(正如科学必定那样)。捍卫关于自我的突现论解释并不是要将科学转变成形而上学。相反,它是要承认这一个自然界比物理主义所能把握的更加复杂和更加微妙。人们可以**打赌**说,存在于世界的**实在**事物是有机体内物理的或生物的过程,其他的一切——意向、自由意志、正义或神圣这样的各种观念——都是"结构",是神经过程的复杂表现。但我认为,更好的赌注在另一边。我敢打赌,缺乏不可还原的心理解释的解释层次最终将无法胜任对人进行说明的工作。我已经辩论过,这意味着人格的意识或心理维度真实存在并且具有因果效应。

第 **5** 章
突现与超验

▶▶ **5.1 引言**

在前几章,我尝试了在当代科学的基础上为突现理论做辩护。回顾论证以下论点的过程大有裨益:这个自然界在不同的层级上展示出不同的性质,不同的因果力在各个层级上发挥作用。可能存在许多这样的层级,不同层级间还存在着精细的渐变层次,或许还有较少量的基础层级。心智或者心理性质向我们呈现出特别清晰(尽管特别困难)的突现例子。在个体神经元之中找不到意识状态和经验。它们从极其复杂的人脑系统中突现出来。当我们观察人们及他们的特质时,我们就会意识到整体确实大于各个部分之和。

正如我所主张的,一个正确的突现理论必须能够为我们区分出三个或更多的突现层次。如果这个世界上只含有心智原因和物理原因,那么二者间的区别(批评将马上指出)正好代表了那条困扰着诸如笛卡尔这样的经典二元论者的"大分界线"。为了绕过这个反对意见,我首先研究了自然科学中的若干转变。尽管我们认同贯穿在各种例子之间的重要模式,在研究中还是承认了不同学科之间的经验细节材料不同。并非所有的转变都明显地青睐于强突现的解释多过弱突现解释。但至少在大量的案例中,例如在作为因果主体的有机体进化中,我能够确立关于心智因果的强突现的重要类比。因此,当我们在研究人的过程中碰到意识现象的时候,最自然不过的事就是把意识解释为另一种进化突现——一个产物,尽管它与进化史中其他突现物的类型不同,但最初都源于自然史进程中产生了其他复杂现象的相同类型的选择压力。

然而,许多人发现,承认心智现象的作用会产生一些令人不安的东西,也许它们解释了许多科学家和哲学家对心智因果关系的抵触。例如,承认人类主体是不可还原的个人的,意味着文化进化动力学补充了,以及有时是取代了生物进化的选择压力。这也许能说明关于人的强突现解释所遭遇到的一些抵触,尽管在意识现象和进化过程的其他产物之间的差异似乎是难以否认。文化进化动力学——观念、体系、语言和艺术形式的进化——必然在许多方面都与生物进化的动力和规律背道而驰,但还有另一个不常被公开承认和讨论的反对理由。

▶▶ 5.2 心智和形而上学

心智概念经常被看作是不适于科学研究的,我们被告知:自然主义者如果不是完全回避的话,也应该小心使用这个术语。这种担心毫无根据:就自然主义者能够也应该在他们的解释说明中包括突现的心智性质而言,我们已经从中发现了十分可观的意义。但在这种抵触中也存有一个真理的内核。尽管在我不做任何与基于科学的自然主义不一致的假设的情况下为之辩护的意义上,可以使用“心智”一词,但是谈及心智确实易于引入一些形而上学假定。与其把它们扫到地毯下面或者用贬义的措辞把它们消除掉,倒不如把它们举到灯光下以便对它们进行仔细分析。

形而上学与心智之间的一些共同联系是什么?事实证明一个人为心智或意识与神经科学的关系进行辩护所持有的观点,将显著地影响到他对传统形而上学讨论的立场。例如,(i)如果把微观物理现象(定律、能量、粒子)作为基础,那么心智状态将不得不被解释为副现象。这种起始假设明显地不仅与心智因果不相宜,而且也不适宜于所有关于心智或人格因果关系的更强劲的解释。

同样的,(ii)两面论倾向于竭力反对把第一人称和第三人称的心智解释整合起来的努力。这样的理论自然而然地与一元论的本体论连在一起,比如斯宾诺莎的一元论(或桑卡拉 Sankara 的一元论,拉玛努亚 Ramanuja 的性质非二元论,或托马斯·内格尔的“无处可见”)。众所周知,双面二元论把心智的和物理的并列起来,却不说明它们如何和为何相关联。这一举措主张给心智一个位置,但并不在因果的意义上把它与物理世界或自然史真正地联系起来。

(iii)突现一元论者认为心智性质从既非"物理"也非"心智"的基质中强突现出来。突现的心智属性依赖于层级结构中的较低层级,还从层级结构中突现出来。因此,思想依赖于神经生理学,但却不能还原到神经生理学。对这种观点的批评往往认为突现论最接近于**属性二元论**。实际上,最好就说它是**属性多元论**的一种形式:许多不同但却迷人的性质在自然史进程中突现出来,而意识经验只不过是其中的一种。

(iv)在从亚里士多德到康德的西方历史中,实体二元论可能是占据了统治地位的形而上学观点,尽管它有多种形态和规模。原因之一就是它与神学的考虑很好地综合起来。对于二元论者来说,从教父哲学开始,上帝就是绝对实体或完美存在(ens perfectissimum 完美的存在);但是上帝也创造了一个独立存在的物质世界,甚至当它们偶然地、持续依赖于作为它们必要基础的上帝之时,这个世界也有它们自己的存在。人类显然具有物理的身体;然而,按照上帝的形象而被创造出来的人,每个人也应该拥有或者是一个心智(psychê 灵魂)或精神(pneuma)。①

(v)最后,一个与众不同的形而上学世界为那些在意识和大脑的关系中支持更加**唯心主义**观点(诸如泛灵论、泛经验论和原型泛灵论)的人大开门户。在形而上学讨论中,特别是在那些充满了东方形而上学传统的讨论中,这样的观点比21世纪初本书所追求的那种以科学为主导的讨论更有吸引力和更难以反驳。有人也许会说,唯心主义立场把疑难问题"颠倒"过来,他们的挑战变成了解释物理实在(或物理世界的经验)如何从一个根本上是心智的或精神的实在中产生出来——不管那种基础是普遍精神、**婆罗门**,还是纯精神的上帝。也许认为物理世界最终必然是一种幻觉(**玛雅**)的这种倾向,有力地揭示了这个甚至是颠倒了的疑难问题所具有的困难。

---

① 有很好的证据表明:如果因为圣经传统只强调身体的复活,那么圣经传统就没有以希腊哲学的方式来把心智实体当作人类的本质来对待;因此,在圣经传统中,至少,有很强的理由来质疑这种心与身强烈的分离。这个论点代表了由沃伦·S.布朗、南希·墨菲、H.牛顿·马洛尼编:《心智碰到什么了? 科学的和神学的人性画像》(明尼阿波里斯市:弗利斯出版社 1998 年版)一书中许多论文的最重要的前提。

▶▶ **5.3 对心智突现的四种形而上学回应**

我们在阅读这个清单的时候,不可能没有注意到,并非所有那些回应都接受自然主义的框架。最可行的自然主义心智理论不是纯物理主义的,在它之中保留了心智属性的因果作用,承认这一点是一回事;就自然主义参量提出疑问是另一回事,迄今为止自然主义参量已经在整个处理中指导了我们。但是,甚至连设想出"心智与形而上学"这样的主题,也会引起非自然主义的心智理论问题。一旦被提及,从我们的分析中排除掉这个问题就显得武断了。

我们发现隐藏在问题背后的是什么的最快捷方法,就是去关注一些主要的形而上学是怎样回应那些最新的心智突现主张的。我把这些回应限定为四个主要的选择类型,这应该足以代表我们的目的。

第一,这样的主张也许就是错误的。这将意味着这个世界在其本质和起源上根本就是物理的。如保尔·丘奇兰德(Paul Churchland)指出:"关于标准进化故事的重点,是人类及其所有特征是一个纯粹物理进程的完整的物理结果……我们是物质的造物。我们应该学习接受这一事实。"①

在这种情况下,思维的突现就是一个愉快的巧合(至少对于我们是如此);我们的意识和那些人们对它的起源和意义所易于形成的信念,并不能揭示世界的起源、命运或本质特征。基于物理主义假说,我们持有关于自由意志、价值、合理性和意识选择的信念,不是因为这些信念为**真**,而是因为持有这些信念具有生物学的优势。例如,也许持有这些信念在某些方面有助于人类生殖的成功;也许,那些相信他们自身自由的人更有可能与基因上更吸引人的拍档交配,并养育像他一样行事的孩子。(持有形而上学信念的人对于潜在的性伙伴通常是否更具吸引力则是另一个问题。)或许,形而上学信念应该被视为多效应的术语,比如"拱肩"就是进化的副产品,它们本身无助于生存或生殖,但却偶然地与那些有助于生存和生殖的过程联系在一

① 保罗·丘奇兰德:《物质和意识》,剑桥:麻省理工学院出版社 1984 年版,第 21 页。

起。① 不过,最终人们关于非经验事件的信念要根据其生物学功能——或者至少作为发挥了这些功能的过程的副产品——来解释,而不是根据它们的真值来进行解释。

第二,人们对心智因果的实在性所形成的信念当中,有些可能是真的。也就是说,有可能这些信念符合关于这个世界的一些事实,正如强突现所主张的那样,物理主义因此是错的。但是,也许心智因果的实在性只是进化的一种无理性的所予,并不带有更广泛的形而上学含意或蕴含。回顾一下第一章所提出的,按照塞缪尔·亚历山大的说法,心智的突现并不是什么先于这个宇宙的神性创造意图的结果。相反,这个宇宙——无论是借助于一些未知的必要规律还是通过偶然性——最终产生了有意识的生物,他们拥有心智属性,他们被理性和道德考虑所激励,他们把自身正确地看作是心智的、而非纯物理的存在。在这个特定的意义上,宇宙确实变成了心智的,也许甚至还呈现了神的属性。但并不能就此得出更广泛的形而上学结论,例如上帝必然创造了这个世界,等等②。我们把这个叫作"**认知突现**"的教条。

立足于这种观点,始于大爆炸的向前的进化过程并不是意识选择或设计的结果,因为在大爆炸时并不存在有意识的生物。因此,不能对心智在宇宙中的未来做出任何预言。也许意识注定会在一个永无止境的复杂化过程中遍布于整个世界,正如弗兰克·狄普乐曾经猜测的那样③;也或许我们的命运会像弗里德里希·尼采所预言的那样更为凄冷:

很久很久以前,宇宙有无数个星光闪烁的太阳系,在它的一个遥远的角落里有一个星球,星球上的一些智能生物发现了知识。这是宇宙历史中最高尚也最不真实的时刻——但仅仅是一小会儿。在大自然呼吸了几次之

---

① 参见史蒂芬·J.古尔德、R.C.列万廷:《圣马可的拱肩和过分乐观的范式:对适应主义纲领的一个批评》,载《伦敦皇家学会会议记录》B系列,《生物科学》("通过自然选择的适应性进化")205(1979),581—598。

② 这个似乎是厄休拉·古迪纳夫的"横向超越"概念所暗示的一个观点。参见厄休拉:《自然神圣深度》(纽约:牛津大学出版社1998年版)以及《宗教探索中的因果性和主体性》[载《接合嵝》35/4(2000),725—734];她引用了迈克尔·卡尔顿的文章《绿色精神:横向超越》,载M.E.米勒、宝莉·杨艾森德斯编:《完整、智慧和超越:自我的精神发展》,纽约:劳特利奇出版社2000年版。

③ 参见弗兰克·狄普乐:《不朽的物理学:现代宇宙学、上帝和亡者复活》,纽约:双日出版社1994年版。这个观点在20世纪最著名的倡导者是忒拉德·德·查丁。

后,他们的星球就燃烧殆尽,这些智能生物必将消亡。①

　　基于 21 世纪初的模型,我们恰恰无法知道哪个可能性为真。不像物理主义,关于偶然突现的形而上学赞同心智或心智因果的实在性。但是,心智并不是进化的一个**有意**的副产品,它是一个自然地突现的东西。

　　第三,人们可以否认"突现是偶然的",但是仍然可以为突现的必然性提供一个纯自然主义的解释。近些年许多科学家已经抗拒了那种他们称之为"极端达尔文主义"的强偶然性观点,主张有很好的理由认为生命的突现是种必然。约翰·惠勒(John Wheeler)坚称,为了将量子潜在性转变成现实,观察者的最终出现是必然的。② "微调"论点坚持认为,宇宙的普遍规律和常量以及特别是地球上的条件,为了让生命突现出来,必须落入一个如此极端狭窄的范围内,以至于所有这些偶然发生的几率像面对天文数字般地渺小。③ 很多人认为,进化的随机性是许多比达尔文主义解释所承认的还要低的数量级。因此,迈克尔·丹顿(Michael Denton)提出蛋白质结构的范围有限,大大地限制了进化过程的可能结果;例如,如果整个进化史重演,地球上仍然有可能出现智能动物,它们手上有多个指头,包括相对的大拇指和食指。④ 在新近的一本书里,西蒙·康威·莫里斯(Simon Conway Morris)也认为生命的突现将不可避免地导向智能⑤。其他人则更温和地向史蒂

---

① 弗里德里希·尼采:"*Ueber Wahrheit und Lüge im aussermoralischen Sinne*",载乔尔乔·科利、马志诺·蒙提那里编:《尼采文集》ii/3(柏林:德古意出版社 1973 年版),第 369 页。

② 参见约翰·惠勒:《宇宙逍遥》(纽约:施普林格出版社 1996 年版);《真子、黑洞和量子泡沫:物理生涯》(纽约:诺顿出版社 1998 年版);《信息、物理学和量子:寻找链接》,载安东尼 J.G.海伊编:《费曼与计算:探索计算的极限》(剑桥,马萨诸塞州:珀休斯书业集团 1999 年版)。

③ 参见保罗·丘奇兰德:《宇宙蓝图:关于自然创造宇宙秩序的能力的新发现》(费城,宾夕法尼亚州:邓普顿基金会出版社 2004 年版)、《上帝的心智:理性世界的科学基础》(纽约:西蒙舒斯特公司 1992 年版)。这个论点是较早的"人择原理"的一个变体,对"人择原理"的研究特别要参见约翰·D.巴罗、弗兰克·狄普乐:《人择宇宙原则》(纽约:牛津大学出版社 1986 年版)。

④ 迈克尔·丹顿:《进化:一个危机四伏的理论》(马里兰州贝塞斯达:阿德勒出版社,1986)、《自然的命运:生物学规则如何揭示宇宙中的目的》(纽约:自由出版社 1998 年版)。

⑤ 西蒙·康威·莫里斯:《生命的解决方案:人类必然出现在孤寂的宇宙中》,剑桥:剑桥大学出版社 2003 年版。

芬·J.古尔德(Stephen J.Gould)的著名论点提出挑战,古尔德认为:如果重演进化史,突现出来的将是完全不同的实体。因此,诺贝尔奖获得者克里斯汀·德·笛福(Christian de Duve)在《生命进化:分子、心智和意义》一书中提出的对策是,详细说明化学对生命形式的结构和功能所造成的限制。①

在所有这些例证中,对偶然性观点的反对是建立在科学因素的基础之上的,科学因素限制了进化的可能结果。这些作者中没有任何一位把这些限制的存在作为证据来证明必定存在一位智能设计者。有一些碰巧是有神论者,一些是无神论者,而一些人则是对所有这样的形而上学问题持不可知论。这就把他们与所谓的智能设计活动区别开来,后者在21世纪初的保守派基督教学者中(尤其是在美国)颇为流行。② 智能设计学派把那些涉及进化约束条件的科学数据作为宇宙设计者——上帝存在的证据,这些证据在我看来并没有什么吸引力。因此,这个地方的关键在于从有神论问题中拆分出进化中的偶然性程度问题。进化中的偶然性程度并非必然地与有神论的可能性相关。一个人可以从科学原因出发坚持认为进化是高度受限的、并保留不可知论的立场,或者一个人可以相信进化的结果具有高度偶然性而仍然是一个有神论者。

这就把我们带到第四个也是最后一个立场。有可能宇宙是由一个有意识的存在创造出来的,这个有意识的存在意图达到(类似于)21世纪初的结果。我们把这个观点称为**有神论**,并把这个有神论者所相信的存在称为**上帝**。直到21世纪初,有神论者(在该术语的这个意义上)还相信这个上帝本应该以一种不同于拉普拉斯妖的作用方式,不得不预先决定这个世界进程

---

① 克里斯汀·德·笛福:《生命进化:分子、心智和意义》,牛津:牛津大学出版社2002年版。

② 威廉·丹姆斯基:《设计的推论:通过小概率事件消除偶然》,纽约:剑桥大学出版社1998年版;《智能设计:科学和神学之间的桥梁》,纳斯格罗夫:大学校际出版社1999年版;《没有免费的午餐:为什么没有智能就不能获得特定的复杂性?》,拉纳姆:Rowan & Littlefield出版社2002年版;以及丹姆斯基编:《智能的迹象:理解智能设计》,密歇根州大急流城:布拉索斯河出版社2001年版;戴尔·雷切对智能设计的论证做了一个清晰的概述,参见《自然、设计和科学:设计在自然科学中的地位》(纽约奥尔巴尼:纽约州立大学出版社2001年版);托马斯·伍德沃(偏袒地)概述了智能设计的历史,参见《对达尔文的怀疑:智能设计的历史》(密歇根州大急流城:贝克书局2003年版)。一个相关的论证参见迈克尔·贝赫:《达尔文的黑箱子:生物化学对进化的挑战》,纽约:自由出版社1996年版。

的结果。拉普拉斯漫游于牛顿的轨道之中,想象了一个小妖,这个小妖能够知道任何时间点的宇宙中所有粒子的位置和运动。拉普拉斯认为,因此,这个小妖通过在适当的时间在适当的地点用适当的动量创造出适当的粒子,将能够预测事件的所有未来状态,因为根据最初的创造行为将会决定性地得出过去和未来的状态。回顾一下拉普拉斯的著名断言:

一个智能,知道一个给定瞬间的自然中所有在起作用的力量,以及构成宇宙的所有事物的瞬时位置,如果有个公式足够强大以致能把所有的数据纳入其中进行分析,那么通过这个单独的公式就能够理解世界的那些最大主体的运动以及最小原子的运动。对它来说,没有什么东西是不确定的;未来和过去都将呈现在它的眼前。①

不幸的是,有神论传统中的大部分反思历史都预先假定了类似拉普拉斯妖的东西(尽管具有更多特征)。

长话短说,结果证明这个世界并非如此运行。鉴于 21 世纪初对量子物理学和复杂系统的理解,我们现在知道了:即便是拉普拉斯妖也不能在大爆炸时刻就能设定好诸如乔治·布什将在 2000 年赢得美国总统选举之类的事情。考虑到当代科学对进化突现的理解的局限,我们还不知道有神论的上帝能有**多大**的控制力。也许这个神性主体在开端就能够构建这样的物理条件,以至于第一个生命以及后来的意识生命能够在 150 亿年里利用必需的物质来进化。又或许这个上帝能够仅仅发挥一种连续不断地创造作用来向意识生命靠拢,但同时无法确切地决定生命即将的突现。亚瑟·皮考克挑衅地把上帝描绘成一个作曲家:他谱写了一首曲子的概要,却把它留给有生命的物体来制作实际的音乐,② 神学家菲利普·赫夫纳(Philip Hefner)引进了这个把人看作是同上帝一起工作的"被创造的共同创造者"观点。③ 阿尔弗雷德·诺思·怀特海(Alfred North Whitehead)的影响深远的形而上学系统支持一种上帝与世界相互关联的模式,这个模式已经在

① 转引 H. 马杰诺:《科学非决定论和人的自由》,拉特罗布:修道院出版社 1968 年版。
② 参见亚瑟·皮考克:《一个科学年代的神学》,明尼阿波里斯市:要塞出版社 1993 年版,以及《从科学通向上帝的途径:我们所有研究的终点》牛津:一个世界出版社 2001 年版。
③ 参见菲利普·赫夫纳:《人的因素:进化、文化和宗教》,明尼阿波里斯市:要塞出版社 1993 年版。

他的某些追随者中导出了一个"神性诱惑"的概念,这个概念可以说与认为世界是一个突现中的世界的理论相符。[①]

▶▶ 5.4 自然主义的假定

我已经假定有一种支持自然主义的假设,即我在前面几章做的一个假设:与每一个特殊的研究领域相对应的科学学科,提供了我们关于那个领域所具有的最正当的知识形式。这已经不是一个形而上学的主张。因此,一个人可以接受这个假设,同时也坚持,例如,当一个物体按照引力的平方反比定律加速的时候,这个物体保持了一个*形而上学的可能*:一个神性存在物引起了加速。同样,一个人可以接受一种支持自然主义解释的认识论假设,同时仍然认为尽管不为我们所知,但自然界的规律偶尔地、或许是频繁地被上帝的直接干预所打破在形而上学上是可能的。但是,因为大卫·休谟经典地阐述过的那些理由,[②]我假定在两个案例中的原初假设必定赞同依据自然规律来给出的解释(这个原初假设是否可以永久作废,将关系到我们下面进一步的讨论)。

值得暂停一下来讲清楚这个假设的动机。在多种原因中,人们可以引用这个事实:如果我们不成功的话,如我们所知的那样的科学将是不可能的。科学活动预设了因果历史在原则上是可以重建的,如果一些特定现象的原因存在于全部自然秩序之外,那么这些因果历史就不能得到重建。在使用的各种方法上也是同样属实:数学科学提供了人类所拥有的最严格的知识形式。能够事先做出极其精确的预测,然后由独立观察者证实或证伪它,这样一个事实支撑了严密科学的标准化,这在其他研究领域中是难以想象的。

---

① 参见阿尔弗雷德·诺思·怀特海:《过程与实在》修订版,纽约:自由出版社 1975 年版;路易斯·福特:《上帝的诱惑:过程神学的圣经背景》,费城:要塞出版社 1978 年版;大卫·雷·格里芬:《没有超自然主义的返魅:宗教的过程哲学》,纽约伊萨卡岛:康奈尔大学出版社 2001 年版。

② 参见大卫·休谟:《自然宗教对话录》,诺曼·康蒲·史密斯编(印第安纳波利斯,博布斯—美林出版社(自由艺术图书馆)1979 年版)以及休谟:《论奇迹》,(伊利诺伊州拉萨尔:Open Court 出版社 1985 年版)。

出于类似的原因——尽管事情在这里变得有点更为复杂——把心智属性设想为自然界的特征比把它们设想为一个心智主体或灵魂的实际存在的标志更容易。把心智设想为一个客体就引进了二元论,因为(正如笛卡尔所主张的那样)一个非物理的、非物质的、不是由部分构成的、不占有空间和时间的客体必须是一个在各方面都非常不同的另一类型的东西。正如我们上面所提及那样,某些类似的东西可以被认为是对"二元论"的不同理解,它暗含在亚里士多德—托马斯的把心智作为身体的形式的概念中。在这两种情况下,把一个完全不同类型的事物引入某人的解释中都带来了棘手的认识论问题,最重要的一个问题是阐明两种事物将如何相互作用(以及如果它们相互作用了,那么人是如何知道的)。

其结果就是,鉴于调和二元论与科学地研究世界之间的困难,我们发现自己在前一章中被迫首先谈论心智*属性*:复杂、突现的属性断定了大脑(或个人或人群)是它们的客体。我们发现,引入属性和行为比引入形而上学的主体更容易。的确,在宇宙装置中定位大脑并不难,在我们关于物理世界的全部知识语境中表述大脑的特征和动力也不难。但存在一个问题:"物理化的心智"也不能消除全部张力,因为心智属性在类型上是如此根本地不同于它们所依赖的大脑,以至于连接二者(大脑和意识)仍然是神经科学"难问题"①。这个问题的难以驾驭使得青睐于心智属性更甚至于心智实体的假设——在本例中,人作为心智和身体的形而上学统一体——比更青睐于心智实体的假设具有更少的确定性、更可废止。待会儿我将回到这个困难上来。

最后,出于相似的原因,看上去好像人们必须承认一个支持形而上学自然主义的原初假设,尽管此处的假设再一次比以前的更弱。借助形而上学自然主义,我想指出:除了那些可能是自然界本身或自然界中的主体的属性外,不存在什么事物、性质或原因。那就是,形而上学自然主义面对着较少的认识论问题,因为它不需要人们知道世界上各种不同于自然客体的东西。就是说,它在形而上学层次上避免了与二元论相关的认识论困难,亚里士多德的形式和笛卡尔心智实体在心智哲学中已经面临这种困难。进而,这种

---

① 参见大卫·查尔默斯:《面对意识难题》,1995 年最先发表在《意识研究期刊》的特刊,现可以在由哈梅罗夫、卡斯尼亚克和斯科特合编的《通向意识的科学》(马萨诸塞州剑桥:麻省理工学院出版社 1996 年版)中找到。

自然主义似乎比它的超自然主义对手更节约,因为在其本体论、关于世界架构的目录中包含更少类型实体。

但是,过度节俭的论证是一种不稳定的东西。我们大部分人确信贝克莱主教的极端唯心主义是错的(尽管我在这儿不会支持那个结论)。但贝克莱的唯心主义明显比形而上学自然主义更加节约,因为他只承认神性心智和一些有限的心智。既是节约的又是错的,对一个解释来说并不是什么很好的优点,特别是如果它的错误是由过于追求节约而导致的时候。总之,人们应当谨防奥卡姆剃刀用得不适当。也许,莫如认为形而上学自然主义受到偏爱是因为它并不增加与自然界的*类型不同*的实体,至少在原则上,创造了一个更统一的本体论。

某些考虑有时会主张支持自然主义向形而上学领域的扩展。但在此,这些论证不具有决定性。尽管在前几章中我愉快地认可了一些支持自然主义的假设,但当这项工作变成展示自然主义作为一个形而上学观点所具有的优越性时,我被迫承认对这个假设进行某种削弱。等一会我将回到这些困难上来。

▶▶ **5.5 心智之后还有突现层级吗?**

如果我们周围的世界,以及我们居于其中、动于其中的文化世界,都遍布着突现,那么很难避免询问:还有可能存在一个或更多进一步的突现层级吗?

在 21 世纪初有关突现的著作中不难找到这样的推测。例如,巴拉巴西(Barabasi)的畅销书《链接》,把网络视为一种独特的突现实在。无标度网络所依赖的原理和它所显示出来的性质,在之前的任何科学中都找不到。他们解释了斯坦利·米尔格拉姆(Stanley Milgram)的著名发现:在美国,任意两个人之间平均只有"六度分割"①。巴拉巴西认为,作为实在的一种形式,网络无处不在;复杂网络描绘了隐藏在"人与人间的性关系、计算机芯

---

① 参见大卫·查尔默斯:《面对意识难题》,1995 年最先发表在《意识研究期刊》的特刊,现可以在由哈梅罗夫、卡斯尼亚克和斯科特合编的《通向意识的科学》(马萨诸塞州,剑桥:麻省理工学院出版社 1996 年版)中找到。

片的线路图……背后的那种实在,互联网、好莱坞、万维网、由合作者网络连接起来的科学家网络以及经济背后复杂的协作网络"。(《链接》,第 221 页)Hotmail.com 成了全世界四分之一电邮账户的供应商,爱虫病毒在 2000 年 5 月 8 日感染了数百万台电脑,这都是拜一种突现的连接所赐,这个连接的核心原理,我们才刚刚开始着手理解。

有些人建议说这些突现性质是些预兆,它们预告了一种超越于个体之外的独特的突现的实在层级。就像詹姆士·洛夫洛克(James Lovelock)的"盖亚假说"假定了作为一个整体的地球可被看成是一个生命系统,[1]现在另有一些人则认为智能和信息的互联正在创造一种新的超有机体——一种"全球脑"。因此,约翰·斯图尔特(John Stewart)的《进化之箭》声称要探测随着时间越变愈大的合作组织突现的信号,[2]罗伯特·怀特(Robert Wright)的《非—零:人类命运的逻辑》也预测了作为人类精神的新成就的全球人类大整合。[3] 他指出:人类历史终究是一个不断形成更新颖、更庞大的智能网络的漫长进程。马克·佩斯(Marc Pesce)(提出类似的看法,认为互联网是一个"智能的组件汇聚一起创造了一个整体的自组织系统……网络的新生代表着一种力量的具体的物理表现,这种力量……正指引我们走向它自身目的"[4]。斯提芬·约翰逊(Steven Johnson),通常持有更多的怀疑态度来写作,现在甚至连他也准备把城市说成是以新形式的信息交换为特征的突现实体。"与它之前的任何技术相比,网络已经连接了更多的生灵,在这个意义上",约翰逊承认,"你可以把它看作是一种全球脑"。[5]

尽管我非常怀疑这样的提议,我也必须承认:一旦我们认识到自然世界中突现层级的存在,这些问题就要被摆上桌面。当古典哲学家想知道心智

---

[1]　詹姆士·洛夫洛克:《盖亚:观察地球生命的新视角》,牛津:牛津大学出版社 1995 年版;洛夫洛克:《向盖亚致敬:一位独立科学家的生活》,牛津:牛津大学出版社 2001 年版。

[2]　约翰·E.斯图尔特:《进化之箭:进化的方向和人文的未来》,澳大利亚堪培拉:查普曼出版社 2000 年版。进一步的参考资料为"全球脑"或超级有机体概念所做的辩护。参见 http://pespmc1.vub.ac.be/GBRAINRE F.html(2004 年 3 月 30 日核实)。

[3]　罗伯特·怀特:《非—零:人类命运的逻辑》,纽约:帕特农图书公司 2000 年版。

[4]　马克·佩斯:《几近神圣》,载W.马克·理查森、戈迪·史雷克编:《忠于科学:科学家们寻求真理》,伦敦和纽约:劳特利奇出版社 2001 年版,第 109、112 页。

[5]　斯提芬·约翰逊:《突现:蚂蚁、大脑、城市和软件连接起来的生活》,纽约:西蒙和舒斯特试金石出版社 2001 年版,第 117 页。

层级之外是否也有可能存在一个精神层级时，他们也会问类似的问题。突现能够有助于理解精神甚或神性的断言的意思吗？例如，有些人支持神性随着宇宙、生命和文化的膨胀而成长和扩充。路德教派的神学家沃尔夫哈特·潘能伯格（Wolfhart Pannenberg）（在他事业的早期生涯中不是很认真地思考过这个想法：“因此，在一种受限但是重要的意义上，有必要说上帝还不存在。”①或者考虑一下浪漫哲学家弗里德里希.W.J.谢林（Friedrich W.J. Schelling）的更激进的观点，在其著名的《关于自由的论文》（*Freiheitsschrift*）中，他认为上帝一度仅仅是潜在的，只是在历史进程中逐步成为现实的。可论证的是，怀特海传统中的形而上学也可以是突现主义的，因为它是一种普遍生成的哲学，甚至包括有神论：至少神性的一“极”，那个所谓的上帝后现本性，通过它与有限经验场合相互作用的历史得以突现出来。②

然而，无论是超越了心智或是继心智而来的东西，我们使用术语“突现”来表达是一回事；在各种约束条件下工作是另一回事，自 21 世纪初的研究开端以来，这些约束条件就已经引导了我们对突现层级的处理方法。以精神突现的概念为例。如果精神（或灵魂）被作为一种新的**实体**而引入，它就明显不同于我们在不得已之下引入心智因果的方式，即把心智因果作为一个复杂生物系统的突现属性而引入。有没有可能去想象一个超越了心智的层级？能使用与我们检验先前的突现层级时所使用的相类似的方法来想象这个超越了心智的层级吗？如果直接运用——即，与自然界中的突现案例进行类比——我们对这点的探究就会得出“精神”或者“神性”将不得不是自然界中（或，的）一个突现的层级或属性。我们把这个假定称为*神性的突现*：这个观点认为，“神性”是*宇宙*随时间流逝变得越来越多地具有的一种性质，除此之外没有什么物质或事物是上帝。这个不断突现中的神性（灵

---

①　沃尔夫哈特·潘能伯格：《神学与上帝之国》，费城：威斯敏斯特出版社 1969 年版，第 56 页。

②　参见怀特海：《过程与实在》，第 343—351 页。因此，南希·弗朗琴贝瑞认为怀特海关于上帝的后现本性这个概念“建议了在突现范式的使用中是应用了某种神学资料的原料”，载《突现范式和神性因果》，见《过程研究》13(1983)，202—217，第 205 页。尽管弗朗琴贝瑞使这些建议受到争议，但是过程思想家们还没有和当代突现理论有任何重要的细节性的互动。为过程的相容性和突现论辩护的一个重要的过程思想家是伊安·巴伯；参见《神经科学、人工智能和人性：神学和哲学的反思》，载罗伯特·J.罗素、南希·墨菲、西奥·迈林、迈克尔·阿比布编：《神经科学与人》，梵蒂冈：梵蒂冈瞭望出版社 1999 年版，第 249—280 页。

性)的质可以被想象为是对这个世界的反馈,反馈的方式类似于心智现象影响世界中的物理状态的方式。没有作为一个孤立对象而存在的上帝,但是可能存在一个随时间流逝而日益"神化"的宇宙。

如我们在第一章中所见,萨缪尔·亚历山大的《空间、时间和神性》所捍卫的恰恰是这种神性的突现理论:"上帝就是这一拥有神性品质的整个世界。对这样一个存在而言,整个世界就是'身体',神性就是'心智'。"①亚历山大的形而上学所赞同的上帝,处于成为其自身的过程中:曾经没有上帝存在,而现在——颇为奇怪地说——只存在部分上帝。并没有精神的力量事先就设置了这个过程,相反,神性彻底依赖于这个世界。② 这个"有限的上帝"他写道,"代表或者概括起来成为它整个身体的神性的部分"(如前所述)。有人可能会说,亚历山大接受的是一个语词概念的上帝:神性的"自然神化"(他的动词);这些"神化"或"享受上帝"就是世界所做的事情。*世界*就是这些行为的主体;*它*做出这些行为。但世界所*做的*事就是神化它自身。上帝仅仅是动词——正如拉比·大卫·库伯(Rabbi David Cooper)在其名著《上帝是一个动词:卡巴拉和神秘犹太教的实践》中所描绘的那样。③上帝并不创造世界;世界"神化"其自身。如果你是这种激进的有神论者,你不能太过于拘谨。皮埃尔·贝尔(Pierre Bayle)是 17 世纪后期《历史批判辞典》一书的作者,他通过嘲笑一个与世界紧紧捆绑在一起以至于无法将它从世界中区分出来的上帝,攻击了斯宾诺莎的泛神论:"对于一个善的思想来说,无限存在者将是万分愚蠢、奢侈浪费、污秽不堪和令人憎恶的。它将在它自身中制造所有罪恶、无聊幻想以及人类下流和不公平的实践……借助于能够被想象到的最亲密的联合,它将与它们联结在一起。"④亚历山大

---

① 塞缪尔·亚历山大:《空间、时间和神性》,见《吉福德讲座,1916—1918》,两卷本,(伦敦:麦克米伦出版社 1920 年版)ii.353。

② "一个心智的时空实体或碎片区别于它的精神体的一部分,以便成为神性,而且这个神性通过它所属的所有时空来维持",转引查尔斯·哈茨霍恩、威廉·里斯:《哲学家口中的上帝》,芝加哥:芝加哥大学出版社 1953 年版。

③ 大卫·库伯:《上帝是一个动词:卡巴拉和神秘犹太教的实践》,纽约:河源出版社 1997 年版。

④ 皮埃尔·贝尔:《斯宾诺莎》,见《历史批判辞典新编》,巴黎:Desoer 书店 1820 年版,xiii.416—468。另见《贝尔先生的历史批判字典:第二版》(伦敦,1738),v,"斯宾诺莎"。

并不回避泛神论的结论:"上帝的身体就是整个宇宙,不存在它身体之外的身体。"①就神性的任何特征都被实例化而言,这些特征只对这个世界或者它的居民们来说成真;在彼处无须存在一个超出了作为整体的自然界的无论是什么的存在者或根基,人类也可以显示出"上帝般的特性"或"神性的爱"。

事实上,在宣称无须一个独立存在的上帝而神性会突现出来这点上,可以找到一些比亚历山大还要激进的哲学家的例子。考察一下亨利·威曼(Henry Wieman)的工作。威曼写下有名的观点:"我们认识的唯一的富有创造力的上帝就是创造性事件本身。"②我们认识世界中富有创造力的善,但我们是把它作为和我们自身"类型不同"的"超人"来加以认识的(《人性善的来源》,第76—77页)。威曼的回应涉及了:承认世界中的一种性质突现——即是,"存在出乎意料的善的产物"③——同时他尽可能地从它派生出最简极的形而上学蕴含。在某种意义上,威曼承认,创造性事件"并不完全等同"于上帝;然而"在无论什么意义上,任何上帝的概念都能被视为与上帝的实在相等同,这个概念也能等同于上帝的实在"(威曼:《人性善的来源》,第305—306页)。

像亚历山大和威曼那样的观点并非没有它们自己的困难。亚历山大观点的两个方面尤为需要我们驻足审视:人类的神性化和神的有限化。我觉得他的突现论可能把一个太过高贵的位置赋予了人类:"我们是无限的,因为我们与全部时空及其中的万物相关联。从我们的观点、我们的位置或年代来看,我们镜像了整个宇宙,所以我们的心智是无限的;我们与宇宙中的万物同在。"④如此这般神化或神性化人类,可能已经吸引了费尔巴哈、维多利亚时期的英国或者20世纪早期的德国思想家们,就像他们被注入了狂热的确定无疑的文化优越性。但是,无论如何,20世纪对所谓的"人的无限的

---

① 亚历山大:《空间、时间和神性》,ii357。于是,他从这个内在论的神学中推断出一个有趣的明显的泛心论:"我们所有人都是上帝的饥饿与干渴、跳动的心与汗水。"亚历山大的观点既相似于东正教的*神化*又有些差别,按照神化的观点,上帝逐渐使得这个世界遍布着上帝的在场并且变得神圣,越来越符合上帝的本性。

② 亨利·N.威曼:《人性善的来源》,芝加哥:芝加哥大学出版社1946年版,第7页。同时转引哈茨霍恩、里斯:《哲学家口中的上帝》,396。

③ 哈茨霍恩和里斯使用了这个用语,《哲学家口中的上帝》,404。

④ 亚历山大:《空间、时间、神性》ii.358。

善"来说都是个糟糕的世纪。拒绝神性中的所有超验性也存在着困难。很难设想把神格归因于自然界会意味着什么。心智,是的,也许甚至还有一些更深的精神维度。但是,如果不是倾向于肯定超越于自然界之外的对象或者维度,那么,说"神的谓词"没有实例化——不存在如此的 x 使得 x 是神圣的——不是更自然么?

然而,突现科学的成功确实在神性突现的方向上提供了些推动力。这样的反思有一个模糊不清的认知论地位:在一种意义上,它是纯粹自然主义的,因为它并不断言任何超自然实体的存在;在另一种意义上,它通过引进诸如"精神"或"神性"等谓词来作为世界的几个方面,从而超越了自然主义。

这就引出了一个有趣的问题:神性的突现是对新突现科学的唯一一个貌似合理的形而上学回应吗?或者还有其他与这些结果相一致的概念性的回应?最后,在对突现世界的回应中,*任何*形式的非自然主义形而上学仍然是热门选择吗?[1] 明确表达最后这个问题,就是提出一个有争议的议题:对科学所适用的领域是否存在什么内在的限制。

▶▶ 5.6 科学研究可能性的局限

在上章结尾的时候,我为在解释人类行为中发挥着不可还原的作用的人文科学做了辩护。像表面看起来那样明显的是:一个充足的解释必须为人类作为人(而非只是生物或物理的实体)所做出的行为保留一个角色,那个结论有时候导致了科学家们拒绝突现的论点。也许,这种反对的潜在原因,同标准科学实践与承认新颖性和不可还原性之间的张力有关。当面对一种新东西的出现时,科学家的工作就是要表明,无论新东西最初看起来多么新奇,它的出现最终都可以依据基本定律和深层的结构来解释。

这就是争执的开端之处。心身二元论者——以及事实上包括所有那些坚持认为自然主义进路需要加以补充完善的人——暗示了这种进路存在一

---

[1] 当然可以简单地回应:"但是我不相信一个突现的上帝:我相信一个历史之上的永恒上帝。"吸引忠实或私人的宗教经验的路径当然仍旧向信徒开放。但是目前的研究做出了一个不同的方法论承诺。鉴于前面章节得出的结论,我的目标是要看看经典形而上学和宗教回应的哪个部分仍旧会是可信的。

些内在的错误。因为在自然界中发生的某些事物根本不同于在它们之前所发生的事物,所以他们主张,科学致力于使它们得到科学的解释,是受了误导。我已经提出,在原则上反抗科学事业,连带反抗科学对自下至上解释的推动,是犯了方向性错误。然而,如果人类想要获得关于我们周遭这个世界的最精确的可能知识,那么有两样东西是必需的。我们必须尽可能做出最严格的努力,按照那些可能产生了这些现象的深层的因果机制来解释现象。根据深层机制并不足以解释已知的或经验到的数据的地方,我们应该承认那个缺陷,并力图对这些我们所能发现的限制提供最合理的解释。

尽管后一个要求看起来无可争议,但它易于招致辩论对手起身加入这场争执之中。以这种方式来处理科学解释的缺陷,从其反驳中所得到的,将是承认科学探索极可能具有一些终极限制。但是以任何方式来限制科学探索则是不明智的。并且,这样做是危险的,因为它向迷信和教条主义敞开了大门。很快,宗教群体将开始运用他们的政治力量对科学探索施加人为的限制。科学家们承认在自下至上的解释中出现裂缝之处,迷信将用上帝、精神、奇迹和魔法填补它们。

我们对双方做出这样的思考,是假定了一个难以解决的利益冲突,一方支持自下至上解释的普遍性,另一方削弱了这种解释的价值。这个冲突有多种形式。人们可以闻到硝烟弥漫在关于人类行为的生物学解释和更传统的心理学解释之间的论战中,或者弥漫在关于世界的科学解释和形而上学解释之间毫无规则的竞赛中。但是,这种争持在科学与宗教的战争中采取了一种典型的形式。在一些参与争论的斗士心中,科学永不允许承认那些贯穿于自然界中的内在差异,唯恐宗教宣布战胜了科学;宗教(回复对方)必定利用在追求科学知识的当中出现的每一个困难和挫折。在这个对抗的令人遗憾的结果中,陷入了独断物理主义和独断二元论之间的僵持,这种僵持统治了过去几个世纪中科学和哲学的写作文体。

显然,这一僵持已是徒劳无功;突现论者也主张它同时已是不必要的。本章中,事实上在整个本书中,我提出一个不同的模式。总之就是:在自下至上的解释所能解释的事物和它所不能解释的事物之间的界限是变动不居的;没有人能够事先指定哪个现象可以用还原来解释。回应那些对形而上学或元科学或宗教问题有兴趣的人们的最理想方式,就是满怀热忱和鼓励地等待进一步的科学成就的到来。上帝知道总会存在足够的问题和足够的未知,所以不至于永远关闭人类对敬畏、惊奇和崇敬作出回应的大门。科学在一个方面的进步不可避免地会开启神秘的新领域,甚至对过去五十年的天文学史只匆匆一瞥就会看到情况确实如此。或者考虑一下量子物理学:史上最成功的方程之一——薛定谔波函数,已经导致人们发现了不确定性的神秘,所谓波函数的塌缩和量子缠扰的现象。对于宗教思想家来说,在科学家已经取得显著成就的领域,与科学家角逐是不必要的。相反地,科学家无须轻视宗教或形而上学对未知(也许也是科学永远无法知晓的)世界的回应,甚至是在这样的回应还附带着形成相应的宗教或形而上学信念的时候。

如我们在第二章所提到的,突现是与我们在科学上知道什么和不知道什么有关的论题。提倡强突现涉及识别自然界中多层级的模式和因果,每一个层级允许特定层级的科学研究。但是这个研究纲领的另一面就是承认人类认知者并不处于把所有这些层级还原为物理学表现的位置上。物理学限制着更高级的科学,却并不取代它们。我们完全有理由认为,即便是未来富有科学经验的人们,当他们为了生存和繁衍而斗争的时候,当他们玩耍和探索的时候,也需要留一席之地给各种对于生命形式来说很特别的因果关系,其原因同我们和心智生活联系在一起的原因相同。

相应地,在下文中我会转向一些非自然主义的选择,这些选择由心智的突现,或者更一般地说,由自然界中多重不可还原的层级的明显存在所提出来。突现自身并不强迫人们采取这一步骤;生物学和心理学中的强突现仍有可能不过是自然史的一个有趣特征。尽管如此,我所探索过的原因——自然主义观点的限制以及那些替代观点的潜在解释力——为仔细审视那些替代观点提供了足够的动机。也许只是因为心智现象在超验心智的语境中比在拒绝超验的语境中能得到更好的解释。

▶▶ 5.7 自然主义无法解释的东西

自然主义假定有多大的普遍性?它是可废止的吗?在某些特定的语境中即使不接受自然主义也是合理的,这样的语境存在吗?在什么条件下人们可以放弃这一假定,以及人们出于哪种原因放弃它?什么可以取代它?

有各种各样的论据反对自然主义。源于永恒的哲学问题的最古老一个问题,为什么万物存在? 甚至如康德也曾承认(在他关于纯粹理性的二律背反的讨论中),在解释自然秩序的各个部分时,仅仅根据其他有助于产生了它们的自然原因来解释是不能令人满意的;人们还想知道是什么把那种自然秩序作为一个整体产生出来。这种追求一个更深层的原因、一个更深刻的解释的努力,引导莱布尼茨形成了以"充足理由原则"而著称的必要条件("对于存在的任何东西,必然存在一个它为何存在而非不存在的原因")。同样的动机也潜藏在许多为证明上帝存在而构想的传统宇宙论的证据中。

同样可疑的是,给定一个纯自然主义的本体论,人们是否可以理解伦理义务或道德努力。从"实然"中驱逐"应然"被认为是犯了**基因谬误**。如果全部存在都是通过科学来描述的客观事态的话,那么所有的义务感觉最终都只是一个幻觉。人类可能*感觉*到义务,也许还存在很好的生物学的、心理学的或社会学的解释来说明为什么他们会这样感觉。但是,没有作为义务的义务能够从这样的自然主义解释中派生出来。①

许多人声称已拥有证伪自然主义的直接经验。显然,那些对一个超自然存在物或力确实拥有自我验证的宗教经验的人,有足够的理由拒绝自然主义者的论点(如果那些经验真的是自我证实的话)。而那些没有这种经验的人却处于一种更为模糊的认识论情形,因为他们能够立即处理的证据,在对证据的支持上,并不会比这个一般假设更有力。而且,无论多么有力地解释这个假设对证据的支持,它也肯定不能和自我证实的经验的分量相匹敌。尽管如此,确实出现了一种从宗教传统的历史(它是跨越多个世纪的人类经验的宝库)中产生出来的累积情况。此外,尽管在特殊的信仰中存在差异,世界的宗教传统却似乎是与那些挑战了自然主义边界的经验捆绑在一起。这个案例表明,源于宗教经验的论证永不会是决定性的;但它也不是没有任何证据力。②

一个也是建立在经验上的相关论证可能具有更广泛的吸引力和有效

---

① 参见约翰·海尔:《存在人类道德的进化基础吗?》,载菲利浦·克莱顿、杰弗里·施洛斯编:《进化和伦理学:生物和宗教视野中的人类道德》,密歇根州大急流城:埃德曼出版社 2004 年版。如果康德主义学派单独从纯粹实践理性去派生道德义务的尝试是合理的话,海尔的论证将被削弱。

② 尽管许多人以这种方式来论证过,但是彼得·伯格给出了这个论证的特别精致的形式。参见以下注释中所引用的著作。

性。作为人类,我们发现自身面对着意义问题,需要找到一个解释来说明我们在宇宙中的存在,以及在我们特殊的社会情境中的存在,社会情境把意义性赋予我们的存在。缺少这样的解释时,许多人经验到"**失范**"(迪尔凯姆),或"恶心"(萨特),或"荒诞感"(加缪)①。于是,这个论证采取了两个形式中的一个。有些人认为自然主义是错误的,因为人类事实上拥有使宇宙具有意义的解释。因此,奥古斯丁从确定性出发写道:"你因为自身而创造了我们,而且直到你自身安宁,才有我们的安宁。"②但是更强的论证有可能不是来自答案的存在,而是来自问题的存在。我们全神贯注于意义问题不是提出了在我们的本性中有些东西不是,也不能通过人们所能提供的任何自然主义解释来说明吗?对意义问题来说是真的东西,对相关的现象来说也可能是真的:我们对永生的渴望、或至少免于死亡;③我们希望宇宙终结或终结之后的状态将使得宇宙中智能生命的存在不是徒劳无功的;我们专注于上帝问题。所有这些问题,套用彼得·伯格的著名说法,充当了"超验的暗示"。④

最后,形而上学的反思史提供了一系列反驳自然主义的精致论证,以及从这些论证中推断出来的关于实在的观点的系统陈述⑤。关于上帝存在,由于缺乏演绎的有效证据,可能就是形而上学的论证不会迫使自然主义者认可它们的原因。但是,他们确实拒绝以下主张:除了自然主义,没有其他解释能内在一致地、细致入微地说明实在。

---

① 参见彼得·L.伯格:《神圣的帷幕:宗教的社会学理论要素》,纽约:安克尔丛书社1967年版。

② 圣奥古斯丁:《忏悔录》,I.I,转引《圣奥古斯丁的忏悔录》,爱德华·B.蒲赛译,纽约:柯里尔书局1972年版,第11页。

③ 参见《永恒的生命意义要求》,载《比例》16/2(2003),161—177。

④ 参见菲利普·H.韦伯:《上帝与其他神灵:基督教经验中的超验提示》,牛津:牛津大学出版社2004年版;参见乔·F.R.埃利斯:《超验提示:心智与上帝的关系》,载罗伯特·J.罗素等编:《神经科学与人》。彼得·L.伯格:《天使的谣言:现代社会和超自然的再发现》,纽约加登城:双日出版社1969年版;《异端势在必行:宗教主张在当代的发展可能》,纽约加登城:安克尔丛书社1980年版;以及他最近的著作:《忠诚的问题:基督教的一个可疑主张》,马萨诸塞州莫尔登:布莱克威尔2004年版;参见琳达·伍德黑德与保罗·希勒斯、大卫·马丁编:《彼得·伯格和宗教研究》,伦敦:劳特利奇出版社2001年版。

⑤ 克莱顿在《现代思维中的上帝难题》中对这点有较细节的描述,密歇根大急流城:埃德曼出版社2000年版。

人们对超出自然主义解释限制的解释优势提供论证的方式还有其他几种；每一种方式都提供了理由，支撑人们去考虑那些超出了科学所理解的自然秩序之外的理论。下文中我将探讨这种论证的一个例子。它将在本章余下的部分中充当一种路线图，把论证的各个步骤以及它引领我们所得出的各种各样的结论联系起来。

这个论证有四个阶段，其中两个我们已经接触过；回顾前两个阶段，是激发第三个阶段的最快途径。在第一阶段，我们发现了物理主义哲学和强突现的现象不兼容，因为它排除了自然因果性中那些大于纯粹的物理力之和的形式。例如，突现解释认为，人类是理性的、道德的动物，在世界上，作为基于有意识的理性活动的心智——物理主体，他们有时会形成关于其自身的真实信念。相比之下，物理主义必须把关于我们自身和我们的动机的许多信念还原为它们的生物学功能，这些功能最终说明了基于物理规律的物理系统中的变化。因为这样的思维既不能存在于，也不能影响到物理系统，一个物理主义者不应该声称他是基于更好的论证力量来支持他的观点的。有可能发生的事是，他的信念（当然这样的信念并不存在）与事物所是的方式相符。但是，他的信念不是对他的（或其他什么人的）论证的真正回应。正确地描述，即：它们是我们称之为大脑的复杂物理系统的状态，或另一种物理系统——身体——的倾向，以一定的方式对外部刺激作出的回应。

第二个阶段，如前一章所示，超出了纯粹自然主义的研究所能支持的结论，但是无法超出我们的经验世界。论据就是：我们心智状态的一致性及其在世界中明显地发挥作用的因果影响，最好被理解为是一个有自我意识的心智主体的产物。关于这个论据没有什么非自然主义的东西；相反，这个主张表明，这样的突现现象是对进化史进行自然主义研究的中心。然而，这样的主体的存在和本质并不是科学研究能够重建的东西；一个像这样的心智主体可能永远不会在一个自然科学理论中发挥直接的作用。相反，没有什么社会科学理论能够避免根据人格主体来进行谈论。因此，把有自我意识的主体的概念当作一个康德意义上的"纯粹规范原理"，即当作理性的一个"纯粹虚构"来对待，会是种误导，纯粹虚构不是世界上的因果主体，但你和我明显是。所以，依照心智主体或个人的假定来发展人类行为的理论时，我们在理论上是合乎情理的，尽管我们的理论依据不是直接通过任何自然科学的理论获得的。

这个论证的第一阶段认识到,心智状态发挥了因果力,物理主义的资源不足以解释这一因果力。这一转向并没有引起严重的认识论问题,因为人们仍然置身于自然主义和科学研究的领域之中。因此,我已经论证过,毫不犹豫地去扩大我们的本体论,使其涵盖人们在世界中实际发现了的各种因果关系。第二阶段得出的结论是,在承认科学自然主义的资源不足以对主体进行概念化的时候,心智因果最好被理解为主体的行动。就清晰的自然主义认识论标准将难以适用于与主体有关的语言来说,把主体包含在关于宇宙装置的清单里,会让人觉得有点不舒服。例如,把细胞或有机体的存在作为实体而不只是物理学粒子集合的观点相比较的时候,似乎必须要为这个特殊概念标示出它的更细微的认识论地位。我将通过谈及**把人假定为有自我意识的主体这个假定**来指出这个区别。再次说明一下,"假定"并不意味着"虚构";它意味着"以不同于我们了解细胞和有机体存在的方式来了解某事物"。(这就引出了关于假说性地、"建构性"地运用规则假定的重要问题,我在其他地方探讨过这个问题。①)

第一阶段涉及心智属性,第二阶段考虑了主体;第三阶段由关于主体的信念内容的问题所激发。相信某个事物就是主张它是真的。但是自然主义,甚至通过人格主体的假定有所加强,也没有必需的概念资源可以用来解释一个信念为真意味着什么;根据纯自然主义的术语,也不能说一个信念如何能够是真的。至少在很多例子中,作为能进行推理的主体,我们预先假定了:至少在许多情况下,我们的信念与外部世界相符。如果我们打算搞清楚这个人类理性的核心假设的意义,那么我们必须假定些什么呢?

托马斯·内格尔认为,如果我们想要把自己理解成理性者,我们必须假定在我们的认识论倾向和我们身外的世界之间存在着某种终极的吻合。"关于理性现象,似乎永远都令人费解的东西,以及使它难以达到令人满意的程度的东西",他写道:"就是它在特殊和普遍之间建立起来的关系。如果存在像理性这样的东西,它就是有限生物的一种局部活动,以某种方式使得它们能够与普遍真理(通常是无限范围的普遍真理)相联系。"或者,以一种更精练的表述,他辩论道:我的推理不可避免地是"一种尝试,即试图把我自

---

① 在克莱顿的《现代思维中的上帝难题》第一章和第五章中描述并且批评了康德的规范原则。

身变成真理的一个局部表征,并且把自身归还给正确的行动"①。(最后几个语词暗指了内格尔早些时候的类比论证:对正义的理性承诺包括"从无处看世界"的观点,在这个观点中,主体超越了她自身的利益并从一个视角来看事物,在这个视角中,所有主体具有相同的道德重要性。)②

假定世界天生就是理性的——它本性如此,以至于它能通过人类的理性活动来得以理解——很明显是超出了人类主体假设的一个本体论步骤。③但是,内格尔认为,给宇宙假设一个理性结构是必要的,因为没有它,理性活动就无法得到解释。事实上,要求我们关于世界的观念应该包括一个对"像我们这样的生命怎样才能得出这样的概念"④所作的解释,是明智的。我们也许不知道宇宙**为什么**应该是如此,以致要秉持这个原则;但是我们不把它作如此想象,就会落入被我们自身实践所反驳的怀疑论。内格尔总结道:"似乎给我们留下一个没有可能答案的问题:对于像我们这样的有限生命,怎么可能去思考无限的思想?"⑤

内格尔对转向第三阶段所进行的论证,明确地针对进化自然主义的不充分性。在其领域中,自然主义提供了我们所能做出的最强解释。细胞、眼睛和大脑能够被充分解释成一个随机进化过程的副产品,但是以这个相同的方式来对待理性,仍然不能解释理性。仅当存在一个由"命题间的逻辑关系⑥"构成的客观秩序时,理性才有意义;如果仅有自然的因果没系,就不会有这样的秩序存在。为此,内格尔宣称他自己是一个理性主义者。

第三阶段中反对自然主义的论证停在了这一点上:我们可以称之为**不可知论的理性主义**。内格尔可以承认关于世界图景的宗教,或者至少准宗

---

① 托马斯·内格尔:《最后一个字》,纽约:牛津大学出版社1997年版,第118页。

② 托马斯·内格尔:《本然的观点》,纽约:牛津大学出版社1986年版。他后来认为,在道德理性中,"我在我自身内发现的统一标准,使我能得到外部的自我"(《最后一个字》,第117页)。我不会在这里重构内格尔关于正义、自由和第一人称视角的论证,但是很显然,如果它们是有效的,它们会进一步支持在这个文本中得到辩护的这个观点。

③ 参见塔德乌什·苏兹别克:《对主观主义的最后反驳?》,载《国际哲学研究期刊》8(2000),231—237。

④ 内格尔:《本然的观点》,第74页。

⑤ 内格尔:《最后一个字》,第74页。

⑥ 参见《最后一个字》最后一章:"进化的自然主义与宗教的恐惧",第129页。

教的事物是存在的,而且他能够说他希望宗教图景是假的。① 但是他认为,理性最终并不能使人们为"在自然最深刻的真理和人类心智最深层的层次之间固有的共情"②提供一个解释。解释知识——合理的真信念——的存在,要求我们做出理性主义转向,因为我们必须假定"宇宙有能力生成那些拥有心智从而能够理解这个宇宙的有机体,这本身在某种方式上就是世界的一个基本特征"③。但是知识带领我们就能去到这么远。这个论证的轨迹指向一个迷雾笼罩的有神论世界图景的领域。但是不可知论的理性主义者认为,理性并不适合于上升到了这种高度的工作。

内格尔对转向第三阶段所进行的论证是引人注目的。尽管如此,人们不由自主地感觉到一种不一致,因为他并不情愿跟随他自己的论证直至它自然而然的目标。④ 内格尔没有把他的论证结构运用到他自己的结论之中;理性的结论在其中可能为真的世界必须是,在那个世界当中存在着——如他所述——"自然最深刻的真理和人类心智最深层的层次之间的固有的共情";否则,思想与物理世界的吻合、从而我们关于它的陈述的真实性,都仍然无法解释。借助同样的逻辑,在理性和自然**本身**的真理之间的这种共情,作为一个事实,难道不也需要解释吗?很明显,没有内在于自然界的事态能够提供解释,因为这个问题是一个二阶问题:我们想要知道关于"固有的共情"它自身的原因。"世界是理性的"这一事实或者是一个无理性的所予,或者它转而也有一个原因。但是,唯一能在这个层级上发挥作用的原因,是世界*被塑造*为理性的,也就是说,它是被一个意向性主体设计成那样的。⑤ 于是,第四阶段的论证迈向更深一步:内格尔已经被迫正确地接受的这个理性主义其自身要求一个解释,只有一个有意向的创造才能够提供这

① 在对宗教的"恐惧"的描述中,内格尔写道:"就我的经验来讲。并不仅仅是我不相信上帝,自然而然地,也并不仅仅是希望我在我的信仰方面是正确的;我不想宇宙是那样的(《最后一个字》,第130页)"。
② 内格尔:《最后一个字》,第130页。
③ 内格尔:《最后一个字》,第132页。
④ 促使内格尔承认的一个方法是让他承认,如果他采取宗教的步骤的话,他的观点才是唯一一致的。参见吉尔伯特·梅兰德:《(最后)的一个字》,载《首要事务》94(1999),45—50。
⑤ 克莱顿猜人们也许可以说宇宙就必须是理性的,但是这个回答仅仅是重复了"无理性所予"这个回应。也许可以说如果宇宙不是理性的,我们就不会认识它,尽管我还不清楚为什么应该是这种情况。

个解释。

在过去十年左右的时间中，这个论证的一个版本在"反对自然主义的进化论证"标题下几经广泛讨论，并常与阿尔文·普兰廷加（Alvin Plantinga）的名字联系在一起。① 普兰廷加攻击的对象是形而上学自然主义，关于一般生命和特殊的人类理性者的标准进化解释支持这种主义。他论证说，没有理由认为进化（在标准的解释上）竟会产生可靠的信念形成机制。（事实上，普兰廷加更深入了一步并且主张：鉴于形而上学自然主义和标准进化论的结合，"一个人的自我认知能力是可靠的"这个信念，实际上是非常不可能的。）结果，进化论自然主义者没有理由相信他的认知能力的任何产物是真实的，包括他对进化论自然主义的信念，进化论自然主义者的观点本身就是自掘坟墓，因为，这个观点为自然主义者的理性有可能引导他所形成的每一个信念，都带来了一个"击败者"。

普兰廷加论证的部分逻辑很好地映射到内格尔为不可知论的理性主义所做的案例。但是，普兰廷加的更为广泛的哲学事业包含了一个附加声明：我们最终确实没有理由去相信我们的理性判决，除非我们假定一个有自我意识的、理性的创造者，它对人性怀有仁慈之心，换言之，它是这样的一个创

① 这个论证常被引用的章句，参见阿尔文·普兰廷加：《保证和恰当的功能》第十二章（纽约：牛津大学出版社 1993 年版）以及他三部曲中的最后一本《基督教信念的知识地位》（纽约：牛津大学出版社 2000 年版）。这位作者的背景文章包括：《当信仰和理性崩溃：进化和圣经》，见《基督教学者的回顾》21（1991），8—33；《进化、中立和在先概念：对范·蒂尔和麦克马伦的一个回答》，见《基督教学者的回顾》21（1991），80—109；《反对共同祖先理论：对哈斯克的回答》，见《关于科学和基督教信仰的透视》44（1992），258—263；《达尔文、心智和意义》，见《书籍与文化》（5 月/6 月，1996 年）。这个论证不是普兰廷加的原创；他在形成这个论证时和他的论证最接近的资源可能是 C.S.路易斯的《奇迹：一个初步研究》（纽约：哈珀柯林斯出版社 2001 年版）第三章，"自然主义的红衣主教难题"，这场关键辩论的一个很好的截面出现在詹姆士·K.贝比编辑的《自然主义被击败了？普兰廷加反对自然主义的进化论证文集》（纽约伊萨卡岛：康奈尔大学出版社 2002 年版）。一个重要的批评参见罗伯特·彭诺克的著作《智能设计创世论以及对它的批评：哲学的、社学的和科学的透视》（马萨诸塞州剑桥：麻省理工学院出版社 2001 年版）中关于这个话题的两章；埃文·菲尔斯：《普兰廷加的案例反对自然主义的认识论》，载《科学哲学》63（1996），432—451；以及布兰登·费特尔森、艾略特·索柏：《普兰廷加反对进化自然主义的可能性论证》，载《太平洋哲学季刊》79（1998），115—129，最后一个文献可以在互联网上找到，网址：http://philosophy.wisc.edu/fitelson/PLANT/PLAN T.html（2004 年 2 月 24 日核实）。

造者:意图为了人类而形成真实的信念,并且创造了这样的信念和世界,以至于,至少在大多数情况下,这个目标可以得以实现。我们假定我们在认知上"熟悉这个宇宙"是不够的,如内格尔所述[1],我们必须实际上*是*熟悉这个宇宙的。并且如果心智和世界之间的理性吻合是被有意向地创造出来的话,这将只会是这种情况。因此,根据普兰廷加,只有那些相信进化是"由上帝引导和精心策划的"有神论者,才处于能够解释她自己的信念的真实性的位置,因为只有她为理性主义的假设提供了一个辩护。因此,她所支持的关于世界的概念,实际上满足了内格尔的标准:它包括一个对"像我们这样的生命怎样才能得出这样的概念"所作的解释。[2]

在强调有神论的解释优势方面,普兰廷加的论证是正确的。但是,它所不承认的是转向有神论的代价——这个代价使得内格尔拒绝了这个最终的转向。有神论解释的好处,也许并不比我们早些时候碰到的支持自然主义的认识论假定更有价值。相对于通常被争论双方所采用的"胜者为王"的修辞来说,一个完整的成本—收益分析揭示了一个更为精细的决定。留给自然主义者的是些无法回答的问题,这实际上是一个劣势;但是她在处理解决她所支持的那些问题时确实有更强的经验方法。有神论者在他的处理中具有更广的解释资源,以至于那些曾经是无理性的所予也在解释陈述中占据了一席之地。但是,支持这一观点的推理必须冒险超越于自然界所提供的众所周知的约束和决策机制之外。如果你认为超验的代价太大了的话,你就必须付出无解问题的代价。对于这两种观点,我已经论证过:超验心智的解释收益要大于超出纯自然主义解释的参数之外所造成的损失。

▶▶ 5.8 *超越突现*

既然已经做出了超验心智的假定,人们即刻就面临着在两种解释之间进行选择。一方面,我们可以把神的主体性和人类的主体性进行类比解释。在人类的例子中,心智现象从复杂的物理系统(即中枢神经系统)中突现出

---

[1] 参见T.内格尔:《最后一个字》,第130页结论章节。

[2] T.内格尔:《本然的观点》,第74页。

来,同时仍然依赖于它。向上进行外推,得到某种形式的突现主义有神论,据此理论,神性在自然史进程中突现出来。亚历山大认为神性是宇宙的另一种突现属性,当宇宙达到一定的复杂性阶段,神性就逐渐出现。另一方面,可以把自然界的突现与一个超越自然的根基或基础相联系起来。例如,可以认为:尽管当宇宙着手发展生命、意识和宗教的或精神的经验时,这个神性主体的某些方面才逐渐显现出来,但神作为一个存在者、力或根基,从一开始就在场。就神性心智被视为超验的或先于宇宙的存在而言,突现的框架已经被抛在了后面。例如,如果以过程神学家的方式强调神性经验的突现中的、敏感的本质的话,它可以作为有神论概念的独具的特征再次被引进来①。但是,如果心智的任何要素先于作为一个整体的宇宙,或者不依赖于宇宙的话,那么由此产生的概念,严格说来,就不是一个突现主义的心智理论。

那里有一种感觉,这两种选择的第一种——亚历山大的方案:试图将自己的工作限制在科学所允许的事物的清单内来对神性的突现进行解释——是关于自然界的突现主义结论的一个逻辑扩展。如此,它享有了一种科学支持,提倡超验心智的观点不能得到这种科学支持。但是,一个具有内在基础的理论是*唯一*一种应该被承认的形而上学吗?这一主张不太令人信服。关于亚历山大的"神性的突现"的奇怪之处,利用我们后面的两节说几句还是比较容易的。这种方案试图回应我们刚刚探究过的那种更广泛的解释问题,甚至要为传统上与上帝关联在一起的那些性质寻求一席之地。然而,他们做出这种努力的时候,在工作中只使用了科学的装备——关于物理地存在着的事物的名录,关于宇宙的自然主义研究能够提供这份名录。但是,如果,像之前的论证所表明的那样,自然主义的框架不足以回答由于人类的存在而引发的解释问题,那么,就不清楚为什么人们应该同意在自然主义本体论的约束下工作,把自己限制于自然对象。如果回答这些更广泛的问题迫使我们去运用诸如真理、必要性、合理性或者善之类的概念的话,我们所断

---

① 然而,即使这个主张也需要做细致区别。一方面,在怀特海的神学理论中,有一东西不是那么突现主义的,因为它们认为意识或经验从宇宙历史的最早时刻就完整地出现了,尽管它还处于相当原始的形式。另一方面,在教父神学家中,有些资源神学已经受到新柏拉图的影响,神学肯定也受到影响。新柏拉图主义对他们来说,有一种强烈的突现论倾向。

定的领域也将不得被扩大。

　　一旦承认像内格尔那样需要一个扩展解释，那么，我们就不再清楚，只借助于把突现进一步延伸到包含了诸如神这样的谓词，能否对更广泛的问题做出最好的回答。也许这个结果并不是那么令人吃惊。我们碰到的是一个全新的问题域，这一问题域受到'较低'层级的约束但却并不被它们决定。思维不能**打破**物理定律；然而，即使考虑到物理学和生物学设置的约束条件，仍然有足够的空间留给精神生活。类似地，形而上学假定受到科学成果的约束（形而上学不能蕴含我们在科学上已知为假的事物），并且在这种限制之内，可以给出大量可能的形而上学答案。

　　从而，当我们提出更广泛的解释问题时，我们被迫超越经验的突现以这种或那种方式建立起来的事物。人们可以找寻某些约束因素：由此产生的那些理论与突现论的框架兼容吗？突现论框架是在一个广泛的意义上提出它们的吗？它们从人类已得知的自然界中的较高突现层级入手，然后，利用由科学发现自身不能解决的那些问题所激发的某种方式超越了它的吗？但是，它对科学的遵从，最终要限定在它特殊的认知论权威领域中，才具意义。当人们在一个领域中处理问题时，在这个领域中，经验的输入通常能够在两个相互竞争的解释中做出抉择，那么，最明智的举动就是认可那个被证据很好地证明了的解释。从物理现象到文化突现，（至少在早期阶段）可以建立起适当的证据关系，从而导致以学科为基础的科学研究。但当人们漫步到更深入的人文中时，就显然缺乏这样的控制。当然，这在最初的考虑是关于美学的地方，如在尝试创造美妙、充满意义、彰显社会价值、或具有政治权能的艺术和文学作品但并不处理解释问题时，并没有引起什么困难。E.O.威尔逊关于科学与人文之间"一致"的著名假说，作为一个被经常引用的例子，要求一个纯粹的人文的美学解释，把所有关于解释的真实性问题全留给了科学。① 然而，人文不仅仅是关于美学的，人们也会碰到那些声称不仅为真而且受到理性辩护的观点。如果我们要避免把所有人文问题（实际上包括人类存在的所有问题）都严格还原为科学的认识论权威的话，我们将不得不允许另一种不只是建立在科学优越性之上的解释。

　　毫不令人惊奇的是，有些解释是由语境中的人所提出来的，而不是由扩

---

　　① 　参见E.O.威尔逊：《协调：知识的统一》，纽约：克诺夫书屋1998年版。

展到自然界及其对象之外的科学所提出的。例如,有神论者提出的解释包含了一个先于这个宇宙并创造了宇宙的规律和最初条件的存在者或力量(如果它存在的话)。具有同样地位但内容不同的一些主张,渗透了经典形而上学系统和世界的宗教传统。考虑到它们的内容,这样的主张要求一个不同的评价模式:经验产生出相互竞争的形而上学解释,但是这些候选的解释并不是都经得起直接的经验检验。面对相互竞争的各个选项以及使人倾向于某个选项而远离其他选项的种种理由,除了尽可能以最精致的方式对可用的选项进行评价外,主体别无选择。

融汇于一个单独的答案,虽说是这种努力的一个调控性目标,但也许是不太可能的,至少在期望科学家们就哪种理论最富有经验成效而不断达成共识的意义上,是不可能的。但是解释的多元主义并不蕴含任意性或非理性。在着手去整理这个案例(它支持或反对这些相互竞争的解释)之前,人们不知道这些论证有多强或者可以达至多大的融合。在用非经验的论证去表明只有经验论证才是真正理性的尝试中,有些东西近乎自相矛盾、令人怀疑。毕竟,科学与哲学或形而上学之间的关系并非是固定不变和不受时间影响的;当这两个领域中的理论和知识标准随着时间而变化的时候,它也会改变。例如,在 18 世纪 80 年代,康德的《纯粹理性批判》时期,科学与形而上学的关系没有正确描述它们今天的关系:我们现在知道,牛顿定律并不是普遍有效的;非欧几何学比欧几里得的假定更好地描述了大质量引力物体的世界;宇宙学现在是一门经验科学,而非纯粹理性的观点;哲学借助三段论推理的方法,很少能(如果真有可能发生的话)获得无可置疑的确定的结论。

一旦承认了这种理性努力的可行性,就不再被迫在"自下至上"的本体论约束中工作了。其结果*可能*是:最终,更广泛的问题最好是由形而上学自然主义来回答。如亚历山大所相信的那样,可能理解"神性"的最好方法,是把它类比于诸如"繁殖"、"生命"或"思维"之类的属性,我们把这些属性分别归之于细胞、组织和心智。但是,我已经主张过,当我们放弃"只存在经验世界的本体论"规定的时候,就可以获得更可信的解释。从一个解释角度看,通常和神联系在一起的各种性质——永恒、全在、完美、正义——不太可能正确地描绘出现世客体的特征。如果这样的性质完全是实例化的,正如亚历山大和威曼所认为的那样,那么,这些性质将通过一个与这些世俗内部的属性不同类型的客体来得以例示。

总之,我的建议如下:人们不要把心智(或精神或神性)仅仅设想为自然界的一个突现性质,还要把它设想为凭其自身而存在的主体的一个来源。①所以,最合理的结论是:**或者**那些通常与神性联系在一起的属性不是实例化的——它们不是真正的任一客体或多个客体——**或者**它们是与宇宙或宇宙的任一部分不完全相同的真正的实体或维度。这个实体或维度,虽然它把宇宙囊括或包含进它的存在,但又超越了它。

作出这个转向就等于是假设了超验心智。在为了理解超验心智而必须解决的所有难题中,有一个难题与前一章中所涉及的领域尤为相关:意识主体的概念。在理解超验主体这个假设的事业中,为"作为一个有意识的人类主体意味着是什么"提供一个强劲的解释,是迈出了一小步,尽管可能不是完全无关紧要的一步。一旦人们对人类主体给出充足的解释,至少是为神学家们开启了方便之门,使得他们可以具体说明他们所假定的超经验主体在哪些方式上与人类主体相像,以及在哪些方式上有别。也就是说,必须凭借主体共享的性质来进行某些类比,尽管这两种主体在其他方面完全不同;否则,把上帝作为主体来谈论就只能是模棱两可的。一旦建立了这个最简单的类比,讨论就可以转到两个方向:基于我们关于自然界中的心智主体的已知知识来向上思考,达到形而上学层次;以及从有神论假说出发下向考查,看它会怎样影响我们对人类心智的理解。

设想神性的主体会有什么样的发展前景呢?传统上,神学家们使用"上帝的映像"(上帝映像)概念来声称:一方面,人类个体之间具有类似性,特别是在人类的心智方面;另一方面,人类与被理解为神性心智或精神的上帝之间也有相似性。心智的突现论转向将如何影响这个类比:削减它还是加强它?在某些方面,这个研究的成果是支持有神论主张的;然而,在另一些方面,概念上的困难将迫使有神论让步,这一点在神学家中尚未被广泛接受。突现论者将倾向于怎样去重新设想神性心智呢?会蕴含什么不同的神性行为概念吗?

在转向这个终极问题之前,有必要从论证中暂时后退一步去考虑一下:

---

① 请注意突现的逻辑允许作出这个转向,尽管它不要求这样做。例如,生物学中的突现论者就把细胞和有机体解释成凭其自身存在的主体。

当人们开始接受超验心智的假说时,在认识论上会发生什么。当这个观点肯定了经验世界中所有的心智现象都依赖于一个生物学基质时,它假定了超验心智并不以这种方式下向依赖。这一事实说明了有神论假说中的难以消除的二元论要素。正如我们所见,有神论的吸引力源自把神性或精神性还原为有限宇宙的属性这种角色的困难。有神论提供了一个更宽泛的框架,宇宙能在这个框架内被"定位"和得到解释。上帝堪为宇宙的来源和(众望所归的)终极顶点,它的**起始**和**终结**,潜存于它和维持它的力或在场。然而,无论它最终在形而上学上是如何地令人满意,就它想象了一个在本质上不同于被作为整体来看的自然秩序的心智而言,这一转向迫使解释链超出了人们另外用来解释心智属性的框架。一个有神论者,如果他关于人类心智的概念来自突现理论,那么他就已经避免了对心身问题做出二元论的回应。但是,他为之所付出的代价是:在他体系的其他地方,即在他关于神性与有限世界的本性之间的关系的概念上,开放了神学二元论。

总结一下,本章前半部分主张有一个貌似可信的论证,它从进化突现的事实出发引至上帝。突现理论代表了一个解释阶梯,这个阶梯从大爆炸和基本物理定律开始,引领宇宙历经生物进化过程,向上直到文化的突现。于是,有神论突现论者认为,(在其他现象中)**智人**的思想和行动表现出一定的判断、品质和信念,从自然规律的立场来看,这些都是反常的。通过解释这些性质和评价这些信念的真值,人们正在建立一个解释链,这个解释链最终通往自然科学之外,并因此超越于突现论的理论资源之外。对此,人们作出的一个反应是推断神的突现,或至少神性谓词的突现(亚历山大);另一个反应是把宇宙的理性本质假定为是一个非理性的所予(内格尔);还有一个反应是某种形式的有神论。有神论的解释归结为一个有意识的意向性存在或力量,它先于进化过程,并且它的创造性的意向间接导致了智能生命的突现。一个人可能会倾向于打破解释链并仍然局限在自然主义的认识论之中,如在内格尔的不可知论的理性主义中那样,这要取决于他对引进超验解释所要付出的代价估计得有多高。但是,我认为,这些代价还没有高得来要我们拒绝把强突现和有神论连接起来的地步,至少连接这二者所带来的解释力,自然主义理论是无法独自拥有的。

但是,有神论如果不想只是一个已然沉寂的神性基础或自然神神性之源的假说,它就需要某种神性参与到世界中来。因此,不对神性行为做些解释,有神论者的任务就不完整。这种观点与强突现的科学相容吗?事实上,与设想自然界的其他模式相比,突现论资源为设想神性行为提供了**更多**的开放性,这当中有任何的意义吗?

▶▶ 5.9 以心身二元论换取超验二元论

在当代背景下,设想有神论更加困难重重。首先,面对科学对内在解释的强力推进,必须使关于一个超验存在或维度的语言富有意义。尽管我已经主张拒绝超验是不必要的,但是转向超验心智显然会受到许多人的拒绝。一旦转向了超验心智,第二个挑战就出现了:搞清楚世界中的神性的因果活动观点的含义。

第二步比第一步困难得多:认为所有事物都有一个根基,相较于主张这个根基也以某种方式积极影响这个世界,要容易得多。例如,创造"世界建立之前的"所有事物,都不会以任何方式干涉科学解释,但是,那个能够在继大爆炸而来的宇宙中起作用的上帝,将会不断侵蚀科学所负责的领地。直接冲突的可能性就非常大。此外,做出这种主张在形而上学上更加困难,可以说是,更加"昂贵"。一个采取行动的上帝必须不仅被设想为一个根基或力量,还要被设想成一个主体,这就意味着神性必须以某种方式类似于人类主体。至少,在19世纪中叶以前,现代哲学都代表着同这个观念带来的困难所进行的持续斗争①。

部分问题是,我们不再了解心智或精神是怎么回事。西方传统的形而上学资源——**灵、元气、精神、神**的概念世界——难与当代科学的态度和成果达成和解。② 我们当然还可以断言"上帝在它的存在和它的尽善尽美中是精神、无限和完美的",如《西敏斯特信条》所称:可以肯定人类是"按照上帝的形象"(神的形象)来塑造的;并且可以得出结论说,因此每个人拥有一个与上帝相似的精神或灵魂,像教皇21世纪初在他关于进化的言论中再次

---

① 对这个问题和主要回应的概述,参见克莱顿:《上帝难题》。
② 对这些困惑的复杂解释,参见雅克·德里达:"*De l'espirit*",杰里弗·本宁顿、理查德·鲍尔比译为《论精神》(芝加哥:芝加哥大学出版社1989年版)。

确认的那样。① 这个观点与我们自己的科学进路和成果处在深深的紧张之中，而它曾经与以前时代中的自然科学（自然哲学）符合得很好。

这就是突现论证的切入点。如果成功，这一论证代表了在心智的物理主义处理方法和二元论处理方法之间的一条*中间道路*。物理主义处理方法没有给精神留下讨论的余地，而二元论处理方法简单假定（在我看来，太容易）了这样的语言的持续有效性和有用性。重温这个在前面四章中为强突现所做的论证，并追溯了它所支持的心智理论，现在我们想要知道：它怎样重组关于上帝——世界关系的传统观点？如果存在神性主体，该如何根据我们对人类主体的新理解来重新设想它？

尽管这一事实并未总是得到承认，理解人类主体和理解神性主体之间的关系始终是一种双向沟通。并不罕见的是，神性主体的理论（神学）已经强烈地影响了人是如何被构思出来的（上帝形象的论证）。但很清晰的是，关于人类是什么的观点——受到艺术、宗教、哲学、社会和政治结构以及文化实践的各种影响——为该如何设想上帝提供了模式。在完全君主制和男性统治的时期，上帝自然被设想为众王之王；在决定论物理学时期，上帝被称为神圣的钟表匠，秩序和合法性的根基；在二元论时期，上帝变成独立于所有物理事物的纯粹精神、纯粹心智。（*理性之物*）在突现论时期，这个神性主体应该被作如何设想？在这个语境下，神性影响世界的观点能造成怎样的意义？或者，它简单地不再是个可信的观点吗？

有神论面对这个两难困境。通过把人的心智活动看作是将一个新的非物理能量引进宇宙中（在这种情况下，人们最终得到的是一个心身关系的强烈的二元论图景），有神论能够把人和神性的主体诠释成是类似的；或者通过，比如，把心智能量视为一种生物化学能量的"转导"，能够在心智与身体之间保持连续性。② 在这种情况中，人们会得到一个上帝—世界关系的更加二元论的图景。在后一种情况中，把人类主体设想成与其他的自然过程

---

① 教皇约翰·保罗于 1996 年 10 月 22 日在给教皇科学院的一份书面讲话中有条件地承认了进化；参见 http://www.newadvent.org/docs/jp02tc.htm，2004 年 2 月 28 日核实。

② 参见克里斯汀·德·笛福：《生命演变》，第 208—226 页。特别是第 223—224 页，笛福的解决方案允许一种显然不是二元论形式的心智因果关系，然而又保留了一种身心间完整的双向相互作用。

和能量处于更大的连续性之中,因此在本体论上更加不同于神性主体。但是,结果却是使"自下至上"影响和"自上至下"影响之间的关系变得更难以设想,"自下而上"影响表现为物理定律的运作,而上帝被想象为通过"自上而下"或集中的神性意向行为与人的心智进行沟通的。我已经力主接受这个困境的第二个选择,把心智解释为与自然界处于连续性之中——部分是因为它保留了神经科学的可能性,部分是由于确信如果不得不支持某种程度的二元论的话,那么一个无限上帝和一个有限世界之间的关系中就是放置这个二元论的正确地方。我们一旦确认了一个不依赖于物理世界的存在而存在的上帝,不就是已经主张了一个(至少在这个方面是)不可还原的二元论立场吗?①

▶▶ **5.10 对超验行为的再思考**

我们已具备解决超验行为问题的基础。我为物理学和生物学中的强突现提供了案例;我为一种关于心智的理解提供了辩护,这种理解允许心智因果关系,而又无须依赖于偏离了神经科学研究的二元论;并且我还探索了一种使上帝的内在性更加激进的上帝——世界关系的观点。我们最终形成的观点提出了什么主张来回应这个超验行为的问题呢?

以一种不与当代科学的进路、方法和成果相冲突的方式来为物理奇迹作辩护,似乎不太可能。现在,或许在物理学王国里有一种可设想的超验因果活动能够绕开这种冲突,也就是说,如果假定上帝在量子层级上影响世界(假设量子事件在本体论上确实是不确定的),在这个或那个方向上影响着这个或那个波函数的塌缩,同时仍然保持着作为量子物理学基础的总体的概率分布。在这个情况中,没有定律会被打破。当然,麻烦是,我们现在以及将来都无法掌握上帝在这一层级真正地影响了世界的任何证据。我们也不可能讲述任何令人信服的故事,比如:上帝会如何放大甚至数十亿这种量子层级的干扰,以便说服(比如)劫持者不要杀死那些被他控制的孩子们。这个量子进路碰到了进一步的困难:如果心智的层级是异常的(不受规律支

---

① 克莱顿在这个地方已经受到了史蒂文·克纳普某些构想的影响(源于个人通信)。

配），那么甚至在原则上，上帝通过这种机制也不能决定某人思想的结果，尽管在原则上上帝更有可能有能力制造出一个或另一个思想。对于任何关于神性实际影响世界的断言来说，物理世界是一个不确定的系统仍然很重要，否则，物理学就不能为动物的自发性行为和下向心智因果的影响留出空间；而且，若非如此，神性影响结果的观念将成为空谈。尽管如此，我认为，单独在量子层级上解决超验行为的问题是不可能的。

除了量子的可能性之外，迄今为止，在我们对科学的探索中没有什么能提供一个途径，使得物理世界中的奇迹这个观点变得可以想象。当然，强意义上的奇迹——上帝暂停自然规律，上帝不借助于有限因果的中介能直接导致某些结果——在形而上学仍然有可能性：一个无限强大的存在（如果它存在的话）能够在它所创造的世界中并且利用这个它创造的世界做它想做的任何事情。但是，做出这个覆盖一切的断言并不算作是对神性行为问题的一个解决方案。因为我们的物理学知识代表着人类所拥有的关于这个世界的最严格、最似律性的知识，所以，除去大家正在争论一个新的、更好的物理学的情况之外，实在没有理由去假设物理学的虚假性。此外，绝不能**排除**可能存在对于物理定律来说是些例外的情况，以及不能排除上帝应该是一个或更多这种例外的原因。一个给定的个体在一些特殊案例中可能会深信发生了例外并且上帝是事情发生的原因。但是当这个声称的例外落进纯物理系统的范围中——那些不受人类（也可能动物的）主体的影响的系统——那么，她的信念决不能达到知识的层次，而且被理解为主体间的探究过程和结果。

但是，当谈及人类行为时，事情并不完全相同。（原则上，**加以必要的变通**，这些论证也可以运用到动物身上，尽管我在此并不去探究这种可能性。）至于人类思想和由它产生的行动，没有什么规律决定着决策的过程。当然，给定大脑的结构、一个既定的生命史和一组特定的环境输入，在得到的结果中，有一个结果可能会比另一些更具可能性。但是，根据思考的过程，如果你做的事与你可能愿意去做的事不同，也没有自然定律被打破。我已经论证过强突现与相关物理学和生物学系统的约束效应和关于人的行为（包括内省现象）数据这两方面都一致，然而，强突现的竞争者们并不能做到这些。弱突现并不为心智因果主体的实在性提供辩护。借助于一种具有质的区别的原因，二元论假定了额外的在质上不同的能量，反映了一种完全不同类型的实体的中介。除了没有必要之外，二元论的回应还是对神经科学的嘲弄，后者被认为是对中枢神经系统状态和经验的意识现象之间的相关关系进行的科学研究。如果大脑状态是一种纯粹心智能量输入的结果，而这种能量与大脑中的电化学因果力无关，那么不可能有知识的交互作用；那么人们将面对一个似律性的系统，这个系统建立在一个规则的基础之上，却表现出一种完全非似律性的方式。相比之下，如果意识原因是构成大脑的神经系统的突现性质，那么还是有可能对它们的运作进行一些了解，即使它们最终不受包罗万象的覆盖率约束。

那么，对心智过程的神性影响是什么呢？确实，它没有被 21 世纪初的概念所排除。从这一观点来看，尽管思想是一个自然现象，但它不被物理定律所决定，并且有向上成为更高类型的因果性的可能。把神性因果性解释为这些较高层级的因果性之一是允许的。因为人的行为在先验的大脑状态和环境条件的基础上已经是不可预测的，所以，当（如果）一个神性影响导致了一个不同结果的时候，并没有打破起决定作用的条件。

但是，这些推定的神性因果与被理解为突现的心智因果如何相似？此处，有神论者面临着一个两难境地。突现理论的资源能够有助于引入和捍卫神性行为，但仅限于把神性解释为宇宙进化过程中的下一个突现层级的情况。早些时候我们考察过像塞缪尔·亚历山大这样的理论家，他们乐于做出这个转向。对于亚历山大来说，上帝不是一个在先存在的存在者，而是一种新型的属性，"神性"，它在某个点上用它的复杂性来描述这个世界的特征。显然，尽管这种理论有可能为谈及神性的影响而提供一个自然化的框架，但它将不会采用任何和它的传统形式相类似的方法来产生神性行为。大多数形式的有神论对于把上帝解释成仅只是世界的一个突现特征都（正确地）保持高度沉默。

那么，假定人们排斥一个完整的突现论，突现资源的作用将会局限于协助形成一个关于神性对人类思想发生影响的理论。神性因果力的能量，不管它是什么，并不是把宇宙中其他地方的能量经过改编或修改而得来的，因为神性因果不是同一个自然系统的产物。因此，那些曾经在解释人类思想方面富有成效的原则，将不能在解释神性影响方面发挥同样的作用。因此，神性因果关系是不能以同样的方式来加以理解的，因为我们用以了解突现系统的过程及其产物的标准方法，将不再适用于这种情况。

当回顾那些尝试对上帝会如何影响人类心智这个问题作出哲学解释的历程，就会发现使用了两个不同的策略。这两个策略中的每一个都必须找到一个方法来使（众多层级中的）三个因果性层级相互关联：物理原因，心智原因和神性原因。第一种策略跟从"以上帝的形象"来创造人类的圣经模式，按照神性的个体或群体的模型来诠释人类个体。在此，上帝和人类之间的因果相互作用是不成问题的，因为他们从根本上被预设为具有相同的性质。然而，这么轻易就得到了相互作用，也产生了一个代价：现在，人类的心智或精神在本质上不同于物理世界，所以要理解心—身的相互作用，如果不是不可能，也会是变得很困难。神—人交流这个概念被创造得更容易掌握些，但前提是要付出以下代价：把心智对身体的每个影响都转变成它自身的小奇迹。让我们把这种二元论观点称为**超自然心智的人类学**。第二种策略把人诠释为世界中的一个自然发生的现象，称之为人的**自然化观点**。由此而产生的家族类似的观点使得它更容易解决心—身问题，如我们在前一章中所见。但现在二元论突然闯进了一个不同的地方——即，在人的因果性与神的因果性的关系之中——为它带来了认识论和本体论的问题，这些问题与任何的二元论都联系在一起。

从我们已经不得不承认的超验二元论中，会推断出什么或不能推断出什么？一旦放弃了神性的因果性是心智的一个突现产物这个论点，批评者可能会抱怨说，不再有任何理由去期待神性的原因将会在心智的层级上独自运作。在超验二元论的情况中，为什么神性直接影响物理系统就应该比神性影响人的思想呈现出更大的困难？然而我认为这个回应是错误的。首先，突现科学已带来了一个认识：自然不排除自上至下的影响。在底层的不确定性允许整体—部分的约束和下向因果关系（弱和强突现），但是并没有迹象表明有目的导向是自下而上起作用的（当然，除非**从一开始**它就被内置进了宇宙的法则和最初条件之中）。其次，信息能够在其上被交流和被理解的那个层级，是有意识的心理过程的层级。因此，如果关于神性的信息能够被传递给有意识主体，那么人们会期待它以自上至下的方式而来。最后，那些认为神性在较低层级上进行干预的主张，会面临不可知的问题。如果神性在某一层级（例如，量子物理学）的一系列干预彻底重新调整了预期的概率，那么，将不得不在谈论一个事件的时候更接近是在谈论一个传统的奇迹。但是，如果没有观察到在统计意义上高度不可能的结果，将不会有任何理由相信有任何的自下至上的神性影响起了效用。

当然，自下至上的超验行为将永远不可探测这个事实并没有意味着它是不可能的。但是我应当认为：以免这个主张看起来毫无意义，人们会希望有**某种**理由来发展"上帝就在物理的中心位置因果地起作用"这个观点。（想起约翰·威兹德姆 John Wisdom 著名的比喻：隐身的、无法察觉的园丁①）物理层次的神性行为和思想层次的神性行为之间的基本区别在这里变得明显。因果关系的本质在任何给定的层级都是至关重要的。物理学是我们检测到所有最严格的似律行为的学科，在物理学的理论框架中，没有任何东西暗示或要求原因具有意义或带有目的的。事实上，我们在处理物理学的过程中严禁使用这种方式来对待物理原因。相比之下，我已经论证过，对人的行为和思想进行充分解释要求参考其目的、意向和理由。因此，不管关于证据的争论结果是什么，在后一个案例中至少有一种类型—类型的符合。人类科学可能无法想象在因果影响中包含一个神性的主体，但他们至少给主体原因留有一席之地，反之，主体原因恰好就不在由物理学所支持的各类原因当中。

的确，在那里甚至还感觉到，在层级结构中，下一步自然而然的事就是提及超验或神性的影响：意义的层级结构。当基本的物理的、情感的和社会的需要得到满足，人们不可避免地会提出关于"这一切的终极意义"的问题。在对什么是终极实在和我们在实在中位于何处进行探索理解的过程中，人们通常会转向超验语言。以这个事实作为理由就保留了一种话语，这种话语允许形成更宽泛的理论方案，甚至让它们经受检验。这类问题不服从实证解析，因为由于其自身性质的关系，它们已经超出经验理论所能建立的范围；因而它们永远无法成为科学的理论化的子集。但是显然它们也不仅仅是痴心妄想、情感反应和艺术执照的一种表达方式。在涉及仔细区分概念的层级上、在以先前的论证和传统为基础的层级上，以及在批评和反例的基

---

① 回忆起安东尼·弗卢挑战最著名的结束语，它提及了约翰·威兹德姆的无法察觉的园丁："最后怀疑论者绝望了，'但是你最初的断言还剩下些什么呢？你所称声的那个不可见的、不可捉摸的、永恒的无法察觉的园丁会如何区别于一个虚构的园丁，或者区别于根本就没有园丁？'"参见安东尼·弗卢：《神学与虚假》，重印收进巴鲁克·布洛迪编：《宗教哲学文集：一种分析进路》，纽约恩格尔伍德克利夫斯：普伦蒂斯·霍尔出版社 1974 年版，第 308 页。

础上被修改过的层级上,都发生了激烈的讨论。

具体阐述"终极意义"这一话语的确切特征以及对它的断言进行检验所使用的方法是一个复杂的任务,可能需要为它写本专著。① 实在太容易一方面把它同科学的话语混为一谈,另一方面又把它作为主观的、相对的无稽之谈消解掉。正如我们已看到的那样,关于意识现象属性的强突现理论是一个基于科学的讨论所能产生的最好结果。如果在人类中存在某种幸免于死亡并且享受死后的存在的东西——如:灵魂,或者我们经验到的那些主观性质的某种形而上学根基——经验科学永远不能彻底了解它的本质或对它提供一个详尽的了解。尽管如此,虽然不可能通过科学方法去探明存在这样一个根基或心智实体,它的存在仍然是个热门选项,因为形而上学的可能性不能通过以下事实来反驳:对它们进行的经验检验是没有完成的并且永远无法完成。② 那么,人是如何得知的呢? 一个人所能做的最好的方法就是从他的经验知识外推:构造各种形而上学的"草图",这些"草图"尽可能清晰地陈述了各种可能性;充实各种更广泛的人类模型,这些模型应该和这些"草图"相一致或者应该从这些"草图"中推断出来;尝试在可能的情况下检验那些由之产生出来的各种主张,检验它们的内在一致性、融贯性、与经验结果的符合程度以及它们的蕴含的丰富性。

▶▶ 5.11 *综合人格与超验行为*

当试图找出具体的超验行为时会发生什么呢? 哪种解释可以得到辩护? 切记领头的挑战是相容性或者似真性,而不是证明。目标不是为了证明特定的超验行为已经发生,而是要查明超验行为是否必然会与自然规律相矛盾。当然,对于信徒来说,总是有可能会抛弃所有的定律和规则或者想象它们被戏剧性的神性干预所取代。因此可以想象,通过大量的小小的神奇的干预,上帝能够精确地创造出空气中的那些不同的波,撞击在耳朵上,

---

① 克莱顿已经在《上帝难题》里为这样的话语做了详细的辩护,特别是在第一章。
② 克莱顿:《上帝难题》第五章。克莱顿认为康德把任何这类的知识主张事先排除掉是错误的。

信徒会把它们听作是由上帝"说出来"的独特的话语。① 然而对于大多数人而言,这种大胆的物理奇迹不再为在世界中的神性主体提供一个令人信服的图像。

人们在这里做了一个微妙的平衡。在暗指神性对世界的影响时说得越模糊,它们就越是建立在对神秘的纯粹诉求之上,对那些原则上对有关神性行为的各种主张的合理性有所怀疑的人来说,它们就变得越不能令人信服。相反地,这样的主张被表明与关于人类主体的可接受的自然的解释越兼容,它们就越可信。然而如果这些由此而来的解释与自然的解释在它所预测的各种方面都相同的话,就没有理由把它解释成神性行为的一个实例了。

最充足的解释必定栖身在这些极端之间的某个地方。一方面,它将定位在自然之中的某个地方或某些地方,能够在原则上向上对神性的影响开放。宏观物理学,牛顿定律的物理学,代表着所有领域中最不可能容纳它的领域:我们有很强的理由认为这些物理过程是决定性的,由它们组成的理论框架没有给谈及人、意向、意义或目的等话题留有余地。另一方面,用来识别和描述潜在的神性行为领域的概念必须是这样的:不管发生什么影响,都能够颇为合理地对自然界的其他部分产生影响。正如我们已看到的那样,一个灵魂将会满足第一个标准但不满足第二个标准。大脑,甚或一个特定想法的神经关联物,会满足第二个标准相符合但不满足第一个标准。这就是问题的困难所在。

鉴于在第四章中对心智因果进行的讨论,主要阐述了把大脑状态和特定的心智状态关联起来所引起的挑战,把自上至下的神性因果关系设想为基于纯粹的理念,确实是非常诱人的。可能会想象一种柏拉图主义的层级结构(或新柏拉图主义的上升),在这种结构中,各种"较低"层级一层一层地被剥离抽掉:首先,所有的物理因素被置于身后,然后是情绪或情感的领域,紧接着是所有"纯粹个人的"关注,直到只剩下纯粹思想的领域。只有在纯粹思想的层级即突现的最高层级中,理念通过最纯粹的逻辑和理性的纽带连接起来,这个突现的最高层级才有可能就是上帝的因果主体。

这个概念的一个麻烦之处在于它离宗教生活相去甚远。(可能是它代

---

① 在尼古拉斯·伍斯特福的《神的话语:关于主张上帝说话的哲学反思》(剑桥:剑桥大学出版社 1995 年版)中的一些例子中,似乎暗示了与这个观点相似的东西。

表着哲学家们所乐意见到的宗教生活。)宗教现象学呈现了一幅图景,在这幅图景中:高度具体的愿望和感恩都得以表达,情感生活扮演着更重要的角色,以及那个关于人的存在意义的难懂的问题常常占据着中心位置。一个关于超验行为的柏拉图化观点是高度抽象和无实质内容的,和表现宗教生活的具体符号和关注大不相同。同时,关于人类存在,如果有任一维度是整体性的,那么这个维度就是宗教维度,因为它始终包含着对个人作为整体而存在的意义的个人感受。提出宗教问题就是对个体生命的统一提出问题。可以把这个整体维度作为神性行为理论的更好的落脚点吗?

看来,主导心智哲学的思想与大脑状态的一对一关系,已错误地带领着宗教哲学家们寻求各种途径去理解神性影响在产生个别思想时如何起作用——或更糟的是,去理解神性影响在制造特定的大脑状态的过程中如何起作用,以便某些思想能出现。不存在与和谐概念相关的给定的大脑状态,也不是只与两种特定的观点相关;它代表着两种观点之间的一个特别的联系,这个联系可通过大量不同的观念组合以及由组合而产生的大量不同的大脑状态来得以实现。出于相似的理由,不能期望用神经科学来解释个体生活的意义。因为和谐暗示着某组相异因素间的平衡,于是意义包含了个人生活的许多不同元素之间的一种适配感。个体外部的因素在解释中将起着十分关键的作用:人际关系的特定类型,范围宽广的情感现象,人与其所处环境的特定关系,个体对其自身与其道德承诺和愿望之间的关系的感知,以及(经常)对非经验的存在或力做出的一些参照。所有这些都不能被解释为特殊的大脑状态。最低限度的解释,都将不得不涉及数目巨大的大脑,每个大脑都与它的环境、记忆和情感的状态处于特殊的关系中。无须太多反思就可以认识到:如果把事件仅仅看作是一个物理系统的话,那么这些事件的状态会令人难以置信的复杂。如果一个大脑有 10^{14} 个神经联系,每个突触的放电电位由一个复杂的概率函数来表达,那么,这个生物化学等式需要包含多少个变量才能表达,如,一百个拥有同一个核心价值观的人的大脑状态?的确,使一个神经学解释变得无法想象还有另外的原因:这个(从物理学的立场来看)毫无希望的复杂的物理系统甚至在原则上都不能指涉我们称之为"人类生活的价值"的那些事件的状态,因为它缺少挑选和指涉这种事物的观点或概念。

鉴于以上因素,很容易看出把超验的行为做如下理解的错误所在,即把超验的行为理解为上帝制造或协助制造了在某一时刻形成于一个特定的人的大脑中的观点。[1] 通过控制大脑状态以一种自下至上的方式来制造思想这个说法，似乎并不是从正确的分析层次来接近超验的行为这个问题。在适当的复杂性层次上使用适当的概念来设想神性主体的方法倒是有一个，但只在引入了"这样的人"或"作为一个整体的人"这种突现层级的观点时，才能找到这个方法。我们可以把它定义为*"当个体与其身体、所处的环境、他人及其全部的心理状态（包括她对其社会、文化、历史和宗教背景的解释）之间建立起一个综合状态的时候所突现出来的那个层级"*。这样的人的状态可能会包括幸福、满足、冲突或成就。因此，从这个意义上来说，这个人可能会经验*失范*（在埃米尔·迪尔凯姆的意义上使用这个术语），或许她可能会经验到那种彼得·伯格用来与"神圣的帷幕"观点联系在一起的意义感。[2]

没有必要为了谈论它的因果作用而致力于对人的本体论地位进行特别的理解。在这个方面，请注意这个话题和上一章关于主体的讨论之间的那些平行。在上一章中，我指出了自然主义的假定使它很成问题地陷入了这个假设之中：心智因果关系是一个精神灵魂或精神实体的表现形式。尽管如此，还是有可能为了心智原因之故而接受一个不可还原的因果作用，至少在心智原因缺席的情况下是无法理解人类行为的。在 21 世纪初这个案例中保持类似的认识论谨慎是十分必要的。我们有正当理由假定这样的人在那些我们当作个体行动来谈论的各种行为中发挥了因果作用。只要在个体行动的观点中所预设的整合的层级发挥了这个至关重要的解释性的、因果性的作用，我们就没有必要把它仅仅作为一个幻觉来消解掉。但是接受个体行动的实在性也要求对个别的心智原因和更广泛的（解释性的和因果性的）个体意向的概念之间的关系做一个更复杂的说明。在我看来，这个要求是恰当的。心智原因更紧密地与特定的大脑相关联，尽管心智原因并不等同于大脑状态。同样的，一个这样的人的意向依赖于个别的心智原因，尽管也不等同于心智原因。这些关系的分层的性质使得形成跨越多重层级的解释更加困难。例如，在人的层级上的意向和特定的大脑状态之间很难画出

---

[1] 在主流心智哲学中有一些资源可能对宗教哲学家更有用，比如克莱顿在第四章中讨论过的倾向性状态或多重实现的框架。

[2] 参见伯格的《神圣的帷幕》。

直接的关联。这些意向总是不仅包含了特定观点与特定大脑状态之间的关系，还向外涉及许多不同的观点、其他人、文化和历史，或许还有神性。

在某些批评中有一种强烈的诱惑，不禁使人把关于"这样的人"的谈论仅仅还原为一个人的身体和大脑的情感状态。毕竟，达马西奥、勒杜和其他人不是已经表明思想就是"情感大脑"的较高阶表达并且认为因果的解释优于情感中心了吗？[①] 但对于我们这些已经接受了在前一章中辩护过的因果主体的人来说，区分人类情感生活的两个层级是很自然的事。诸如雌性激素和睾丸激素释放之类的荷尔蒙改变与特定的、相对一致的情感反应相关联，比如：恐惧和侵略；而增加安多芬的水平会减少疼痛的强度或者产生一般意义上的快感。但是人类还会经验复杂得多的较高阶的情感反应，比如和谐感或幸福感或不协调感。一旦接受了心智因果，把所有这样的较高阶的情感反应等同于荷尔蒙和神经传导物质的释放，就变得毫无理由。颇为讽刺的是，正是这种情感领域的还原主义巩固了一个看似非常不同的回应——柏拉图式地升华到空洞的思想，我们在上面讨论过这点。如果人类认知的最高层级以它们最纯粹的形式呈现出来，那么被视为原初的和无差别的情绪必须被抛诸于后。与这两种观点形成对照，人类在世界中的存在暗示了：有意识的生命——经验着我们最复杂的相互关系，解决最复杂类型的问题，把各种不同的维度综合成一个整体的反应或态度——伴随着一个较高阶的情感状态，这个情感状态正如与之相关的心理过程一样，是有差异的、普遍的和有效的。

因此，人的这种综合状态同智力维度和社会维度一样具有情感影响。显然，它也可以具有一个道德维度。例如，在进化心理学中，对待伦理学的态度有这样一个趋势：把较高阶的道德诉求和内容还原为潜在的生物学价值观。因此，对个体的利他行为进行一个以生物学为主导的评价，将会倾向于根据亲缘选择或对未来回报的预期来解释这个个体的动机。相比之下，按照此处所采用的非还原立场，个体有时候是出于真心（即非还原性的解

---

① 参见安东尼奥·达马西奥：《感觉发生的一切：意识产生中的身体和情绪》（纽约：赫考特·布雷斯出版社 1999 年版）；达马西奥：《寻找斯宾诺莎：快乐、悲伤和感受着的脑》（佛罗里达州奥兰多：赫考特·布雷斯出版社 2003 年版）；约瑟夫·勒杜：《情绪脑：情绪生活的神秘基础》（纽约：西蒙舒斯特公司 1996 年版）。

释)去关心他人福祉这种说法,似乎是可信的。① 其结果是,对道德的渴望就可以被理解成是欲望自身的一种因果力或动机,从而不需要按照社会收益或选择压力来解释。

以上概述的所有不同因素在构建综合的自我感觉时都发挥了作用,自我感觉依次又激发了大量具体的行为。人们可以同意这个结论而无须假设一个独立的心智来作为这种感觉的根基。人格也可以是自然界的一个突现属性,而不用被设想成某种特定的心智"事物"。事实上,在一个特定的精神实体中对所有这样的较高阶心智属性进行定位的嗜好,本身就是一种还原的举动:如果心智属性位于像灵魂这样的特定的精神事物之中,那么世界就只能包含心智属性。对于像 21 世纪初这样的一元论观点,有充分的理由指出:世界的一种"材料"具有多样的形式并显示出一些迷人的特征;但不能从这个事实得出如下结论:所有这些状态是一种特定材料的直接表现形式。对于笛卡尔的二元论来说,必定有两种不同的实体(精神实体与广延实体),因为存在心智属性和物理属性。但对于突现主义一元论来说,正如克里斯汀·德·笛福所说,存在的是"活力之尘":我们努力重建世界史时的一个材料,它呈现出令人惊奇的各种形式,万有引力、量子纠缠、繁殖、自发游戏、自觉意识、道德追求以及对意义的追寻。

我已经主张过:人被理解为综合的自我或群人的心理物理主体,提供了一个适当的层级,使得有可能在其上引入超验主体。在这个层级,可能也仅在这个层级,一个超验主体能够发挥作用,它可以在不用被还原成一个物理粒子或精神神经递质的操作者的情况下施加下向因果影响。仅当一个影响在这样的人的层级上起作用时,才能对各种具有宗教重要性的维度产生影响而又不至于落入魔法的层面:个体对其自身与他人关系的感觉、个体的较高阶的情感状态、个体的道德追求以及个体对其自身存在的意义与其周围世界相互关联的感知。

理所当然地,无法对一个综合的人这种主体可能会如何与神经生理过程相关联给出一个非常精确的解释;重建这种类型的主体需要用到人文科学(心理学、社会学、人类学,还有历史、艺术、道德等等)的工具。不可能是

① 参见菲利普·克莱顿、杰弗里·施洛斯编:《进化和伦理学:生物和宗教视野中的人类道德》密歇根州大急流城:埃德曼出版社 2004 年版。

一个观念与一个大脑状态之间的一种直接关系，而必定是同时包含了更广泛的社会和文化背景——这些再次给了我们理由来得出如下结论：人文科学是永不可能被还原到神经心理学的。然而作为人，以及作为社会科学家，我们有充分的理由认为：在世界中，人实际上确实是作为人来行事的。

有神论者的情况与此类似，尽管有进一步的分歧。有神论者不能用科学的人文术语来解释上帝是怎样影响这样的人的。我们确实知道——或至少它是科学的一个核心假设——所有施加到人的情感或心理状态的自然的影响都是通过某种物理输入介导给人的：口头语言、手势、文本、艺术创作。理所当然地，有神论者所假设的神性的影响并不以这种方式来介导。这使得神性的影响又不类似于施加到人身上的其他所有影响，再次反映了在关于神性行为的任何解释中都有的二元论时刻。尽管如此，我们还是找到了一个方法来分析那个影响，而且不需要否定或拒绝我们关于心智和突现已知的科学知识。我所采用的模型——施加在综合的人的层级上的影响，反过来又影响着特定的心理、情感和物理过程——避免了与之相竞争的神性行为模型的令人难以置信的特点。例如，它回避了这样一种印象，即：只有通过打破物理定律或者通过一个直接的、观念到观念影响的方式才能发生神性行为。前者与科学关于人的思想如何起作用的标准假设相冲突，而后者是建立在柏拉图主义把人描绘成思考着的灵魂这样一个不够准确的图式上。人的模型，被理解为一个综合的影响系统，有可能使得因果问题更模糊不清，但它确实与我们关于人格的最佳的总体解释相符。如果打算为神性对人产生影响这个想法做辩护，这难道不正是一个人应该在其上形成他自己的解释的那个层级吗？

▶▶ 5.12 反对意见

我将通过考查几个首要的反对意见来结束本书。这些反对意见将从两边的观点中产生出来。物理主义导向的哲学家或科学家可能会惊讶于人怎样才能把任何因果作用都归因于像综合的自我一样无所定形的某事物？至少在一组突现的心智属性与某特定的大脑状态相关的情况下，能够辨识心智因果理应对它起作用的那个物理单元，并且也可以想象这些心智原因自身将会如何通过一个特定的大脑产生出来。但对于自我来说，情况也是如此吗？

答案就在上一章中最先提到的心智因果的倾向性要素中。21世纪初这个观点并没有把自我本体化为一个凭其自身存在的实体。在操作上，最好把自我理解为以某种方式行动的一个倾向，或者是在回应特定的刺激时具有特定的意识思维或经验的一个倾向。显然，人的倾向**确实**会在世界中产生影响。玛丽的那些倾向——她愤怒地应对冲突的倾向，或者她发现别人最好一面的倾向——都会对潜在的大量的各种刺激表达它们自己。这样的倾向性似乎没有可能被还原为玛丽的某个大脑状态。如我们在第二章中所见，一个使用物理工具来描述的系统，或者说其实使用的是神经学的描述，甚至不能挑选出像"发现别人最好一面的倾向"这样的状态，更不用说去解释它们的因果效力。行为的癖好和倾向只有在一个概念的和因果的语境中才能被定义，这个语境包括了人、道德谓词、语言学惯例和社会制度。这个进路的进一步优势在于，这样的倾向性可能非常广泛，足以包含许多种传统上与宗教经验联系在一起的特征：元物理学的概念、高阶的情感、对道德义务的关注、追求人格的完整以及寻求人在这个世界上的意义。

第二个反对意见给那些关注神性在多大程度上对世界产生影响的有神论者制造了一个两难困境。如果有神论暗示着上帝影响了宇宙的物理进化、或为了（比如）制造人类而引导了在生化层级上发生的进化，那么，它就是承诺了物理奇迹的强概念，我已经另行避开了这个概念。但是，如果直到有机体复杂到足以表明心智因果出现在场了，上帝才开始对世界产生影响的话，上帝怎么能被理解为在第一时间对心智主体的突现负有因果责任呢？

这个异议恰当地把注意力拉向了修改过的神性创造和天意的概念，这些概念对于任何愿意寻求与自然科学一致的神学来说都是必需的。对先于作为一个整体的物理宇宙的基本原理、物理常量以及初始条件，没有任何的科学解释；因此没有任何障碍能阻止我们去相信上帝的原初创造性行为。给定定律、常量和初始条件，智能生命是否有可能出现就是一个经验问题。就西蒙·康威·莫里斯和其他人正确地把高概率值赋予智能进化而言，上帝可能是带着造就智能生命的意图来启动这个自然进程的说法就变得貌似可信了。在进化过程中，上帝在多早之前就开始能够对有机物个体产生影响,将取决于人们如何理解进化中的突现,因此也取决于进一步的科学研究。在其他灵长类动物显示出认知、知觉以及甚至更早期形式的意识的范围内,对神性影响做同样的开放,将会呈现我们在人类案例中的那些发现。马克·贝科夫(Marc Bekoff)和其他人对动物行为和认知的研究揭示了动物自发性行为的程度:高度复杂、基因地和环境地不能决定的行为等诸如此类,在动物游戏的研究中都有所揭示。① 原则上,这就在生物进化中更早的时间点上为神性的影响打开了一扇门。当然,如果一个人是万有神论者,如怀特海的泛经验论哲学中的泛灵论者,神性的诱惑可能在创造性的最初时刻就在起作用。但是关于原子中的自发性的证据比在动物行为研究中的自发证据,更加参差不齐。

神学家提出了相反的反对意见。假设上帝能够以前几页所描述的方式同人类建立联系,这些联系会具体到足以允许任何类型的神性天启和引导吗?如果结果表明没有任何内容能够通过这些方式来交流,那么,即使是在原则上,都很难看出由此而产生的观点对有神论有何助益。可能一种拉向"精神的"或"高级事物"的普遍的神性拉力便足以保护某种一般的宗教崇拜,但也必将大大地欠缺传统上有神论者在神与人的互动中所追寻的东西。

也许对神性交流的模式和具体性进行重新评价,即使在原则上,也确实是有必要的。已经很难把神设想成是直接将句子植入人的意识之中。那个概念中包含了一个有点诡异的关于上帝的观点:上帝像是人一样的倾听者,坐在某人心智的一个角落里窃听他的想法。而且,正如我们在这一节的最顶端所见到的那样,在不依赖于一系列物理奇迹——上帝或者直接在地球的大气层中制造声波或者直接改变大脑中数十亿突触接缝的电化学平衡——的情况下去设想直接的语言沟通,是不可能的事。相信会发生字面上的神性演说还有更令人不安的方面。如果上帝有能力随心所欲把具体的

---

① 参见马克·贝科夫、约翰·A.拜尔斯编:《动物游戏:进化的、比较的和生态学的视角》剑桥:剑桥大学出版社 1998 年版;马克·贝科夫、柯林·艾伦、戈登.M.布尔加特编:《认知的动物:经验和神学视野下的动物认识》,马萨诸塞州剑桥:麻省理工学院出版社 2002 年版;柯林·艾伦、马克·贝科夫:《心智物种:认知动物行为学的哲学和生物学》,马萨诸塞州剑桥:麻省理工学院出版社 1997 年版;参见戈登·M.布尔加特、马克·贝科夫编:《行为发展:比较和进化的方面》,纽约:加兰德 STPM 出版社 1978 年版。

命题引进人的心智中,那么上帝变得来要为历史上每一个由于上帝的不作为而产生巨大苦难或罪恶的场合负责。上帝为什么不在泥石流突袭学校之前把这样的想法植入老师的心中:"赶紧让你班上的孩子撤离这栋大楼?"甚至只是"快跑,快跑,快跑!"可能就足够了。上帝在原则上能够向人类传达高度具体的命题信息,而且通常也这么做,然而,当大量毫无意义的痛苦结局可以避免之时,它却未能传达哪怕是最微弱的警告,由于它的沉默所带来的这些后果,上帝似乎在道德上是有罪的。这种故意的消极会把邪恶问题抬高到无法回答的程度。

按照现在的观点,交流的本质将会是什么? 如果交流发生在这样的人的层级上,那么交流的内容不可能首先被理解为一组具有特定命题内容的真断言。把神性的启示诠释为一组命题会遗漏那些感情的、伦理的、和整体的维度,而这些维度是宗教生活的现象学固有的一部分。然而,如果确实发生了某种交流,神性的输入也不能完全是非命题的。完全非命题性地理解神性影响——比如,无差别的爱的意识始终散布给一切生命体——还会冒着把神性还原到一个非人格力量的危险。这样的观点对有神论者来说是站不住脚的,有神论者坚持:不管神最终是什么样的,它**不少于**人身。要成为超越人身,就要具有人所具有的意志、理智和沟通的能力,而且它的这些能力想必是更加无限的。被传达的内容或许可以不限于命题性的,但人们不能一贯地认为它会更少。

无须主张知道神性启示的具体内容(甚或不知道它是否真的发生过),人们也可以毫无困难去设想神性对人们产生的相当差异化的诱惑。毕竟,当自我意识与复杂的倾向相结合,在不同的社会、伦理和道德语境中以极其不同的方式作出回应,单独个体的自我意识就表征了高度分化的复杂因素。被理解为无限超越了人的存在的上帝,当然会有能力对每一个活着的人(以及,就此而言,对所有生命体)形成高度分化的回应。问题不在于神性这边而在于必须理解这种交流的人类这边。在此想象个体的接受能力具有相当大的差别,就在情理之中。此刻我的廉价收音机勉强能捕捉到巴赫第一交响乐曲的美妙旋律,但是我隔壁办公室那台经过精心调音的设备正在不可思议地忠实地再现这个广播的细节。个体对不同的神性交流的开放,大概可以通过各种冥想或精神练习来增强,就好像这种交流被来自个体自我的声音所阻断,或者由于个体确信不可能存在这样的交流而堵塞了和它的交流一样。可用的概念和文化资源在原则上也会影响这个过程。可以想象有一些特定的星座因素把个体的接收能力降到最低,也可以构想出一些因素,这些因素可能使人对神性的指引作出最大反应。所有这些因素加起来将会影响接收的清晰度,达到一定的清晰度时就有可能发生交流。

接下来,争论的关键仍然是:哪种假定的神性启示确实是真实的以及它们实际的命题内容是什么。这几页中所勾勒的论证提供了强有力的理由来促使我们猜想:不同文化和宗教团体的特殊信仰和倾向会极大地影响他们把什么当作是神性的交流。事先对耶和华或真主或佛所持有的信念将会强烈地使接收者先入为主,并使他们倾向于以一种高度特定的方式来解释任何实际的神性影响。事实上,人们会预料到这些颇具特质的影响并不局限于文化层面:对每个个体来说都是可资利用的符号、隐喻、和文化上貌似合理的观点,大概也为个体如何解释其自身的宗教经验涂上浓厚的色彩。①最后,情况有可能是这样的:如果有任何的启示的话,哪种假定的启示会在实际上以某种方式充当通向神性本质的向导? 在个人乐意甚至去接受这个问题之前,很有必要具备一个信仰的视角——即,相信某种形式的超验心智或精神的似真性。②

▶▶ **结论**

本书全部的论证由两个不同的部分组成。第一部分论证了(强)突现是对从夸克到细胞到大脑再到思想的进化过程中所出现的事物进行的最精确的描述。一方面,生命显示出与非生命的物理系统有足够的差异,以及心智

---

① 韦恩·普劳德富特:《宗教经验》,加利福尼亚伯克利:加利福尼亚大学出版社 1985 年版;约翰·希克:《一个宗教解释》,纽黑文:耶鲁大学出版社 1989 年版。

② 参见克莱顿:《精神的突现》,载《CTNS公报》20/4(2000 秋),3—20,更精练和更受欢迎的形式,参见《精神的突现》,载《基督教世纪》121/1(2004 年 1 月 13 日),26—30;参见克莱顿:《上帝与现代科学》,密歇根州大急流城:埃德曼出版社 1997 年版;迈克尔·韦尔克:《上帝的精神:圣灵神学》,约翰·霍夫梅将此译为《灵之神》,明尼阿波里斯市:要塞出版社 1994 年版;彼得·霍奇森:《圣灵之风:一个建设性的基督教神学》,肯塔基州路易斯维尔:威斯敏斯特·约翰·诺克斯出版社 1994 年版;以及布拉德福德·欣策、D.莱尔·达布尼编:《圣灵降临:圣灵学当代研究简介》,威斯康星州密尔沃基:马凯特大学出版社 2001 年版。

属性显示出与它们的神经基质有足够的区别,二元论者已经倾向于把它们全部视为不同类型的实体。但是,支持双方之间存在解释的不可通约性的各种理由,已经被关于生命起源以及意识的神经关联的科学工作削弱了。差异仍然存在,但不是二分法的。另一方面,完全还原到微观物理的抱负还没有实现。与此相反,自然界越来越多地揭示了组织的各个不同层级,每个层级以其自身不可还原的因果影响和解释类型为特征。这个结论并不是说科学研究是无用的或者是被误导了的;正是科学研究揭示了一个比还原主义纲领曾经所设想的还远为复杂的世界,与之相随的是发生在组织的不同层级之间的远为复杂的相互作用。试图平衡这些不同的考量,把我们带到突现主义对不同层级之间以及对这些层级进行研究的各门科学之间的关系的理解上。

本书第一部分中的那个案例是独立于本章所探讨的超验心智的那个案例之外的。但是,这里所发展的更具推测性的论证自然地产生于之前的结论。假设人们同意动物显示了在自然界中其他地方不能找到的独特的意识形式,而且承认人们佐证了存在于其他动物中的无与伦比的心智属性,并且还假设人们推断出:类似强突现的理论为这些心智属性和它们在世界中的因果作用提供了最佳解释。似乎很难否认这两个推断不可避免地导致了与某些哲学"大问题"的冲突——关于主体和自由的问题,关于较高阶心智的问题,以及关于超验或神性心智的问题。关于这些论题的讨论必然是推测性的;在更具科学导向的论题中所能达到的确定性水平,在这里将达不到。然而,关于二元论、还原和突现的讨论是如此明显地与对永恒哲学问题的确信连接在一起,以至于只有失去勇气才能阻止一个人沿着它所引导的论述走下去。

但是,在把论证的第一部分和第二部分结合起来的过程中,一些更大的问题还有待解决:当人们力图理解他们在宇宙中的位置时,所涉及的科学因素与非科学因素之间的关系。科学知识以指数增长,可能超过了其他任何一种因素,已经改变了我们对于我们是谁和我们所居住的这个世界是怎样的感知。鉴于科学惊人的成功,自然而然就可以假定科学知识的增长将会是无限的,最终没有任何东西会遗留在它的视界之外。一些人满怀着改良社会的激情拥抱了这个预言;其他人因畏惧科学表现出来的非人性化的影响力,奋起反对科学在各个方面的进步。

我们在这里呈上的突现论，则是在两种回应中开辟一条中间道路；它既是对科学成败的回应，也是对长期结果的一个预测。现在的问题并不在于自然是否通过不同层级的现象来彰显自己，而在于自然科学将来是否最终能够理解宇宙中*所有*与现象的因果解释有关联的层级。我已经主张过：是证据，而不是辉格式的科学恐惧症，支持了一个否定的回答。一些实在的层级非常适合于数学的确定性解释（宏观物理学），其他一些适合于数学的但非确定性的解释（量子物理学），其他一些层级所适合的解释关注的是结构、功能和发展（从基因到神经生理学的各门生物科学）。但是在另一些层级上，规律所起的作用更加微小并且受到异质因素的支配；因此，对它们的研究倾向于用叙述来代替测量，同时预测也变得最为困难。似乎人类内在生活的许多部分，以及社会互动或者创造性的表达都建立在这个内在性上，落入了这个范畴。社会科学家能够就心理学和文化现象达成共识，并且因此随着时间流逝而实现知识的增长。自然科学有助于发展好的社会科学——但并不是使社会科学仅仅成为自然科学自身的一个延伸。

然而，复杂性层级之梯并没有在那里结束，人们会追问他们居于其中以及活动于其中的这个自然的和社会的世界有什么意义。一个解释层级再次变成一个更广大的整体的一个部分，思想者被邀请参与到对下一个更高层级上的知识进行探索的活动中来。无须疑虑这些*问题*会上升到超出社会科学的范围。但是，紧接着这些问题，有可能识别出更好或更坏的答案吗？或者它们现在超出人类所有的理性评价能力了吗？举一个类似的例子，宇宙学提出了物理科学似乎永远无法回答的问题：宇宙大爆炸的来源是什么？如果存在一个多元宇宙，为什么某些定律在它所有不同的区域中都有效？总之：当沿着从突现心智到超验心智这个方向行进时，这个问题的范围超出对可谈论答案的理解了吗？

在 21 世纪，科学知识还会继续爆炸，这将诱使许多人推断说，超出自然科学的范围之外再无知识，有的只是观点和情感。我在这些章节追溯的突现论证只是一个途径，尽管肯定不是唯一一个，它显示了为什么把知识等同于自然科学是错误的。当问题超出了经验可以决定的范围，批判性的讨论决不是一触到物理学和生物学的边界就终止了，像我们所做的这些脆弱的理解可能也与知识有关——换言之，是一些可以对主体间的批评和评价开放的主张。在一个科学的时代,当人类心智继续扩展其知识的极限以及关于它的极限的知识之时,对"真正的大问题"进行理性讨论——不是通过诉诸传统、力量或绝对权威来主导的讨论——真的没有变得越来越重要吗?

心智与突现

参考文献

Abel, Theodore F., *The Foundation of Sociological Theory* (New York: Random House, 1970).

Agazzi, Evandro(ed.), *The Problem of Reductionism in Science*, Episteme, 18(Dordrecht: Kluwer Academic Publishers, 1991).

——and Luisa Montecucco(eds.), *Complexity and Emergence* (River Edge, NJ: World Scientific, 2002).

Alexander, Samuel, *Space Time, and Deity*, the Gifford lectures for 1916—18, 2 vols. (London: Macmillan, 1920).

Allen, Colin and Marc Bekoff, *Species of Mind: The Philosophy and Biology of Cognitive Ethology* (Cambridge, Mass.: MIT Press, 1997).

——and George Lauder (eds.), *Nature's Purposes: Analyses of Function and Design in Biology* (Cambridge, Mass.: MIT Press, 1998).

Allen, T. F. H. and T. W. Hoekstra, *Toward a Unified Ecology* (New York: Columbia University Press, 1992).

Anderson, Phil W., 'More is Different: Broken Symmetry and the Nature of the Hierarchical Structure of Science', *Science*, 177(4 Aug. 1972), 393—6.

Arbib, Michael, 'Schema Theory', in S. Shapiro(ed.), *The Encyclopedia of Artificial Intelligence* (New York: Wiley, 1992), 1427—43.

—— and Mary B. Hesse, *The Construction of Reality* (Cambridge: Cambridge University Press, 1986).

—— E. Jeffrey Conklin, and Jane C. Hill, *From Schema Theory to Language* (New York: Oxford University Press, 1987).

Archinov, Vladimir and Christian Fuchs (eds.), *Causality, Emergence, Self-Organisation*, a publication of the international working group on 'Human Strategies in Complexity: Philosophical Foundations for a Theory of Evolution-ary Systems' (Moscow: NIA-Priroda, 2003).

Audi, Robert, 'Mental Causation: Sustaining and Dynamic', in John Heil and Alfred Mele (eds.), *Mental Causation* (Oxford: Oxford University Press, 1993).

Baars, Bernard, *In the Theater of Consciousness: The Workspace of the Mind* (New York: Oxford University Press, 1997).

Baddeley, Roland, Peter Hancock, and Peter Földiák (eds.), *Information Theory and the Brain* (Cambridge: Cambridge University Press, 2000).

Barabási, Albert-László, *Linked: The New Science of Networks* (Cambridge, Mass.: Perseus Books, 2002).

—— and Reka Albert, 'Emergence of Scaling in Random Networks', *Science*, 286 (15 October 1999), 509—12.

Barbour, Ian, 'Neuroscience, Artificial Intelligence, and Human Nature: Theological and Philosophical Reflections', in Robert J. Russell, Nancey Murphy, Theo Meyering, and Michael Arbib (eds.), *Neuroscience and the Person: Scientific Perspectives on Divine Action* (Vatican City State: Vatican Observatory Publications, 1999).

Barrow, John D. and Frank Tipler, *The Anthropic Cosmological Principle* (New York: Oxford University Press, 1986).

Batchelor, G. K., *An Introduction to Fluid Dynamics* (Cambridge: Cambridge University Press, 2000).

Bayle, Pierre, 'Spinoza', *Dictionnaire historique et critique de Pierre Bayle*, new edn. (Paris: Desoer Libraire, 1820), xiii. 416—68.

Beckermann, Ansgar, Hans Flohr, and Jaegwon Kim (eds.), *Emergence or Reduction: Essays on the Prospects of Nonreductive Physicalism* (New York: W. de Gruyter, 1992).

Bedau, Mark, 'Weak Emergence', *Philosophical Perspectives*, 11: *Mind, Causation, and World* (Atascadero, Calif.: Ridgeview, 1997).

Behe, Michael, *Darwin's Black Box: The Biochemical Challenge to*

Evolution (New York: Free Press, 1996).

Beilby, James K. (ed.), *Naturalism Defeated? Essays on Plantinga's Evolutionary Argument against Naturalism* (Ithaca, NY: Cornell University Press, 2002).

Bekoff, Marc, Colin Allen, and Gordon M. Burghardt (eds.), *The Cognitive Ani-mal: Empirical and Theoretical Perspectives on Animal Cognition* (Cambridge, Mass.: MIT Press, 2002).

—— and John A. Byers (eds.), *Animal Play: Evolutionary, Comparative, and Ecological Perspectives* (Cambridge: Cambridge University Press, 1998).

Berger, Peter L., *The Sacred Canopy: Elements of a Sociological Theory of Religion* (New York: Anchor Books, 1967).

—— *A Rumor of Angels: Modern Society and the Rediscovery of the Supernatural* (Garden City, NY: Doubleday, 1969).

——*The Heretical Imperative: Contemporary Possibilities of Religious Affirmation* (Garden City, NY: Anchor Books, 1980).

——*Questions of Faith: A Skeptical Affirmation of Christianity* (Malden, Mass.: Blackwell, 2004).

Bishop, John, 'Agent-Causation', *Mind*, NS 92(1983), 61—79.

Blitz, David, *Emergent Evolution: Qualitative Novelty and the Levels of Reality*, Episteme, 19 (Dordrecht: Kluwer, 1992).

Brandon, Robert N., 'Reductionism versus Wholism versus Mechanism', in R. N. Brandon (ed.), *Concepts and Methods in Evolutionary Biology* (Cambridge: Cambridge University Press, 1996), 179—204.

Broad, C. D., *The Mind and its Place in Nature* (London: Routledge & Kegan Paul, 1925).

Brown, Terrance and Leslie Smith (eds.), *Reductionism and the Development of Knowledge* (Mahwah, NJ: L. Erlbaum, 2003).

Brown, Warren S., Nancey Murphy, and H. Newton Malony (eds.), *Whatever Happened to the Soul? Scientific and Theological Portraits of Human Nature* (Minneapolis: Fortress Press, 1998).

Buchanan, Bob, Wilhelm Gruissem, and Russell Jones, *Biochemistry and Molecular Biology of Plants* (Somerset, NJ: John Wiley and Sons, 2000).

Buller, David J. (ed.), *Function, Selection, and Design* (Albany, NY: SUNY Press, 1999).

Burghardt, Gordon M. and Marc Bekoff (eds.), *The Development of Behavior: Comparative and Evolutionary Aspects* (New York: Garland STPM Press, 1978).

Butterfield, Jeremy and Constantine Pagonis (eds.), *From Physics to Philosophy* (Cambridge: Cambridge University Press, 1999).

—— Mark Hogarth, and Gordon Belot (eds.), *Spacetime* (Brookfield, Vt.: Dartmouth Publishing Co., 1996).

Byrne, Richard W., *The Thinking Ape* (Oxford: Oxford University Press, 1995).

Callicot, J. Baird, 'From the Balance of Nature to the Flux of Nature', in Richard L. Knight and Suzanne Riedel (eds.), *Aldo Leopold and the Ecological Conscience* (Oxford: Oxford University Press, 2002), 90—105.

Campbell, Donald, '" Downward Causation " in Hierarchically Organised Biological Systems', in F. J. Ayala and T. H. Dobzhansky (eds.), *Studies in the Philosophy of Biology* (Berkeley: University of California Press, 1974), 179—86.

——'Levels of Organisation, Downward Causation, and the Selection-Theory Approach to Evolutionary Epistemology', in G. Greenberg and E. Tobach (eds.), *Theories of the Evolution of Knowing* (Hillsdale, NJ: Lawrence Erlbaum, 1990), 1—17.

Campbell, Neil, *Biology* (Redwood City, Calif: Benjamin Cummings, 1991).

Cartwright, John, *Evolution and Human Behaviour: Darwinian Perspectives on Human Nature* (Cambridge, Mass.: MIT Press, 2000).

Chalmers, David, *The Conscious Mind: In Search of a Fundamental Theory* (New York: Oxford Univ. Press, 1996).

心智与突现

——'Facing up to the Problem of Consciousness', repr. in Jonathan Shear (ed.), *Explaining Consciousness*: The ' *Hard Problem* ' (Cambridge,Mass.:MIT Press,1997).

Chisholm,Roderick M., 'The Agent as Cause',in Myles Brand and Douglas Walton(eds.),*Action Theory*(Dordrecht:D.Reidel,1976).

——*Person and Object*(La Salle,Ill.:Open Court,1976).

Churchland,Paul,*Matter and Consciousness* (Cambridge, Mass.:MIT Press,1984).

Clancey,W.J., 'The Biology of Consciousness:Comparative Review of Israel Rosenfield,*The Strange*, *Familiar*, *and Forgotten*: *An Anatomy of Consciousness* and Gerald M.Edelman,*Bright Air*, *Brilliant Fire*: *On the Matter of the Mind in Artificial Intelligence*,60(1991),313—56.

Clark, Austen, *Psychological Models and Neural Mechanisms*: *An Examination of Reductionism in Psychology* (Oxford: Clarendon Press, 1980).

Clarke,Randolph, 'Toward a Credible Agent-Causal Account of Free Will', *Nous*,27(1993),191—203.

Clayton,Philip,*Explanation from Physics to Theology*(New Haven: Yale University Press,1989).

—— *God and Contemporary Science* (Grand Rapids, Mich.: Eerdmans,1997).

——'The Emergence of Spirit', *CTNS Bulletin*,20/4(2000),3—20.

——'Neuroscience,the Person and God:An Emergentist Account', *Zygon*,35(2000),613—52.

——*The Problem of God in Modern Thought*(Grand Rapids,Mich.: Eerdmans,2000).

——'Emergence:Us for It',in John D.Barrow,Paul C.W.Davies,and Charles L. Harper, Jr. (eds.), *Science and Ultimate Reality*: *Quantum Theory*, *Cosmology and Complexity* (Cambridge: Cambridge University Press,2004),577—606.

——*From Hegel to Whitehead*: *Systematic Responses to the Modern*

Problem of God (in preparation).

—— and Paul Davies (eds.), *The Re-emergence of Emergence* (Oxford:Oxford University Press,forthcoming).

——and Jeffrey Schloss(eds.),*Evolution and Ethics: Human Morality in Biological and Religious Perspective* (Grand Rapids, Mich.: Eerdmans,2004).

Cockburn, Andrew, *An Introduction to Evolutionary Ecology* (Oxford:Blackwell Scientific Publications,1991).

Comte,Auguste,*Cours de philosophie positive*,trans.as *Introduction to Positive Philosophy*,ed Frederick Ferré(Indianapolis:Hackett Pub.Co., 1988).

Cooper,David,*God is a Verb: Kabbalah and the Practice of Mystical Judaism*(New York:Riverhead Books,1997).

Cotterill,Rodney M.J., 'Did Consciousness evolve from Self-Paced Probing of the Environment,and not from Reflexes?',*Brain and Mind*,1 (2000),283—98.

——'Evolution, Cognition and Consciousness', *Journal of Consciousness Studies*,8(2001),3—17.

Coulson,C.A.,*Christianity in an Age of Science*(London:Oxford University Press,1953).

——*Science and the Idea of God* (Cambridge:Cambridge University Press,1958).

——*Science, Technology, and the Christian* (New York:Abingdon Press,1960).

Cowen,George *et al.*,*Complexity: Metaphors, Models, and Reality* (Boulder,Co.:Perseus Book Group,1999).

Crane, Tim, 'The Significance of Emergence', in Carl Gillett and Barry Loewer(eds.), *Physicalism and its Discontents* (Cambridge:Cambridge University Press,2001).

Crick, Francis, *The Astonishing Hypothesis* (New York: Charles Scribner's Sons,1994).

—— and Christof Koch,'The Unconscious Homunculus', in Thomas Metzinger(ed.), *Neural Correlates of Consciousness*: *Empirical and Conceptual Questions* (Cambridge, Mass.; MIT Press, 2000).

Crysdale, Cynthia S. W., 'Revisioning Natural Law: From the Classicist Paradigm in Emergent Probability', *Theological Studies*, 56 (1995), 464—84.

Csete, Marie E. and John C. Doyle, 'Reverse Engineering of Biological Complexity', *Science*, 295(1 March 2002), 1664—9.

Damasio, Antonio, *The Feeling of What Happens*: *Body and Emotion in the Making of Consciousness* (New York; Harcourt Brace, 1999).

—— *Looking for Spinoza*: *Joy, Sorrow, and the Feeling Brain* (Orlando, Fl A.; Harcourt, 2003).

Davidson, Donald, 'Thinking Causes', in John Heil and Alfred Mele (eds.), *Mental Causation* (Oxford; Oxford University Press, 1995).

Davidson, Eric H. *et al*., 'A Genomic Regulatory Network for Development', *Science*, 295(1 March 2002), 1669—78.

Davidson, Julian M. and Richard J. Davidson(eds.), *The Psychobiology of Consciousness* (New York; Plenum Press, 1980).

Davidson, Richard J. and Anne Harrington(eds.), *Visions of Compassion*: *Western Scientists and Tibetan Buddhists examine Human Nature* (Oxford; Oxford University Press, 2002).

Davies, Paul, *The Mind of God*: *The Scientific Basis for a Rational World* (New York; Simon & Schuster, 1992).

—— *The Cosmic Blueprint*: *New Discoveries in Nature's Creative Ability to order the Universe* (Philadelphia, P A.; Templeton Foundation Press, 2004).

Dawkins, Richard, *The Blind Watchmaker*: *Why the Evidence of Evolution Reveals a Universe without Design* (New York; Norton, 1987).

—— *A Devil's Chaplain*: *Reflections on Hope, Lies, Science, and Love* (Boston; Houghton Mifflin Company, 2003).

Deacon, Terrence, *The Symbolic Species: The Co-Evolution of Language and the Brain* (New York: W.W. Norton, 1997).

——'The Hierarchic Logic of Emergence: Untangling the Interdependence of Evolution and Self-Organization', in Bruce H. Weber and David J. Depew (eds.), *Evolution and Learning: The Baldwin Effect Reconsidered* (Cambridge, Mass.: MIT Press, 2003).

Deamer, David W. and Gail R. Fleischaker, *Origins of Life: The Central Concepts* (Boston: Jones and Bartlett, 1994).

de Duve, Christian, *Vital Dust: Life as a Cosmic Imperative* (New York: Basic Books, 1995).

——*Life Evolving: Molecules, Mind, and Meaning* (Oxford: Oxford University Press, 2002).

Dembski, William, *The Design Inference: Eliminating Chance through Small Probabilities* (New York: Cambridge University Press, 1998).

——*Intelligent Design: The Bridge between Science and Theology* (Downers Grove, Ill.: InterVarsity Press, 1999).

——*No Free Lunch: Why Specified Complexity cannot be Purchased without Intelligence* (Lanham: Rowan and Littlefield, 2002).

——(ed.), *Signs of Intelligence: Understanding Intelligent Design* (Grand Rapids, Mich.: Brazos Press, 2001).

Dennett, Daniel, *Consciousness Explained* (Boston: Little, Brown, and Co., 1991).

Denton, Michael, *Evolution: A Theory in Crisis* (Bethesda, Md.: Adler & Adler, 1986).

——*Nature's Destiny: How the Laws of Biology reveal Purpose in the Universe* (New York: Free Press, 1998).

Derrida, Jacques, *Of Spirit: Heidegger and the Question*, trans. Geoffrey Benning-ton and Rachel Bowl by (Chicago: University of Chicago Press, 1989).

d'Espagnat, Bernard, *Veiled Reality: An Analysis of Present-day*

Quantum Mechanical Concepts(Reading,Mass.:Addison-Wesley,1995).

Diaz,Jose Luis, 'Mind-Body Unity, Dual Aspect, and the Emergence of Consciousness', *Philosophical Psychology*, 13 (Spring 2000), 393—403.

Dilthey, Wilhelm, *Introduction to the Human Sciences*, ed. Rudolf Makkreel and Frithjof Rodi(Princeton:Princeton University Press,1989).

——*Hermeneutics and the Study of History*, ed. Rudolf Makkreel and Frithjof Rodi(Princeton:Princeton University Press,1996).

Dupré,John,*The Disorder of Things*: *Metaphysical Foundations of the Disunity of Science* (Cambridge, Mass.: Harvard University Press, 1993).

Durham,William,*Coevolution*: *Genes*, *Culture*, *and Human Diversity*(Stanford,Calif.:Stanford University Press,1991).

Dyson, Freeman, *Infinite in All Directions*, Gifford Lectures 1985 (New York:Harper & Row,1988).

Edelman,Gerald M., 'Bright Air,Brilliant Fire:On the Matter of the Mind',*Artificial Intelligence*,60(1991),313—56.

——*Bright Air*, *Brilliant Fire*: *On the Matter of the Mind* (New York:Basic Books,1992).

—— and Giulio Tononi, 'Reentry and the Dynamic Core:Neural Correlates of Conscious Experience',in Thomas Metzinger(ed.),*Neural Correlates of Consciousness*: *Empirical and Conceptual Questions* (Cambridge,Mass.:MIT Press,2000).

——*A Universe of Consciousness*: *How Matter becomes Imagination* (New York:Basic Books,2001).

Ekman,Paul and Richard J.Davidson(eds.),*The Nature of Emotion*: *Funda-mental Questions*(New York:Oxford University Press,1994).

Eldridge,Niles and Stephen J.Gould, 'Punctuated Equilibria:An Alternative to Phyletic Gradualism',in Thomas J.M.Schopf(ed.),*Models in Paleobiology*(San Francisco,Calif:W.H.Freeman,Cooper,1972).

el-Hani, Charbel Nino and Antonio Marcos Pereira, 'Higher-Level

Descrip-tions:Why should We Preserve Them?' in Peter Bøgh Andersen, Claus Emmeche,Niels Ole Finnemann,and Peder Voetmann Christiansen (eds.), *Downward Causation: Minds, Bodies and Matter* (Aarhus: Aarhus University Press,2000).

Ellis,George F.R., 'Intimations of Transcendence:Relations of the Mind to God',in Robert J.Russell *et al.*(eds.),*Neuroscience and the Person*(Vatican City:Vatican Observatory Press,1999).

——'True Complexity and its Associated Ontology', in John Barrow,Paul Davies,and Charles Harper,Jr.(eds.),*Science and Ultimate Reality: Quantum Theory, Cosmology, and Complexity* (Cambridge: Cambridge University Press,2004).

Emmeche,Claus,Simo Køppe,and Frederik Stjernfelt,'Levels,Emergence, and Three Versions of Downward Causation', in Peter Bøgh Andersen, Claus Emmeche, Niels Ole Finnemann, and Peder Voetmann Christiansen(eds.), *Downward Causation: Minds, Bodies and Matter* (Aarhus:Aarhus University Press,2000),13—34.

Fales,Evan,'Plantinga's Case against Naturalistic Epistemology', *Philosophy of Science*,63(1996),432—51.

Fitelson,Branden and Elliott Sober,'Plantinga's Probability Arguments against Evolutionary Naturalism ', *Pacific Philosophical Quarterly*,79(1998)115—29.

Flew, Anthony, 'Theology and Falsification', repr. in Baruch Brody (ed.),*Read-ings in the Philosophy of Religion: An Analytic Approach* (Englewood Cliffs,NJ:Prentice-Hall,1974).

Fodor, Jerry, ' Special Sciences, or the Disunity of Science as a Working Hypothesis', in Ned Block(ed.), *Readings in Philosophy of Psychology*,2 vols.(Cambridge,Mass.:Harvard University Press,1980).

Ford,Lewis,*The Lure of God: A Biblical Background for Process Theism*(Phila-delphia,Pa:Fortress Press,1978).

Frankenberry, Nancy, 'The Emergent Paradigm and Divine Causation',*Process Studies*,13(1983),202—17.

Gadamer, Hans-Georg, *Truth and Method*, ed. Garrett Barden and John Cumming(New York:Seabury Press,1975).

Gell-Mann,Murray, *The Quark and the Jaguar: Adventures in the Simple and the Complex*(New York:W.H.Freeman and Co.,1994).

Giddens,Anthony, *New Rules of Sociological Method: A Positive Critique of Interpretive Sociologies*(London:Hutchinson,1976).

Gillett,Carl,'Non-Reductive Realization and Non-Reductive Identity: What Physicalism does not Entail', in Sven Walter and Heinz-Deiter Heckmann(eds.), *Physicalism and Mental Causation* (Charlottesville, V A.:Imprint Academic,2003).

——'Physicalism and Panentheism: Good News and Bad News', *Faith and Philosophy*,20/1(2003),1—21.

——'Strong Emergence as a Defense of Non-Reductive Physicalism: A Physicalist Metaphysics for"Downward"Determination', *Principia*, 6 (2003),83—114.

—— and Barry Loewer(eds.), *Physicalism and its Discontents*(New York:Cambridge University Press,2001).

Goodenough,Ursula, *The Sacred Depths of Nature*(New York:Oxford Uni-versity Press,1998).

——'Causality and Subjectivity in the Religious Quest', *Zygon*,35/4 (2000),725—34.

Goodwin,Brian, *How the Leopard changed its Spots: The Evolution of Complexity*(Princeton:Princeton University Press,2001).

Gordon,Deborah M., *Ants at Work: How an Insect Society is organized*(New York:W.W.Norton,2000).

Gould,Stephen J.and R.C.Lewontin,'The Spandrels of San Marco and the Panglossian Paradigm: A Critique of the Adaptationist Programme', *Proceed-ings of the Royal Society of London*,Series B,Biological Sciences('The Evolution ofAdaptation by Natural Selection'), 205 (1979),581—98.

Gregersen,Niels Henrik,'The Idea of Creation and the Theory of

Autopoietic Processes', *Zygon*, 33(1998), 333—68.

——'Autopoiesis: Less than Self-Constitution, More than Self-Oganization: Reply to Gilkey, McClelland and Deltete, and Brun', *Zygon*, 34 (1999), 117—38.

——(ed.), *Complexity to Life: On the Emergence of Life and Meaning* (Oxford: Oxford University Press, 2003).

Griffin, David Ray, *Unsnarling the World-Knot: Consciousness, Freedom, and the Mind-Body Problem* (Berkeley: University of California Press, 1998).

——*Reenchantment without Supernaturalism: A Process Philosophy of Religion* (Ithaca, NY: Cornell University Press, 2001).

Gulick, Walter, 'Response to Clayton: Taxonomy of the Types and Orders of Emergence', *Tradition and Discovery: The Polanyi Society Periodical* 29/3(2002—3), 32—47.

Hardcastle, Valerie Gray, *The Myth of Pain* (Cambridge, Mass.: MIT Press, 1999).

Hare, John, 'Is There an Evolutionary Foundation for Human Morality?', in Philip Clayton and Jeffrey Schloss (eds.), *Evolution and Ethics: Human Morality in Biological and Religious Perspective* (Grand Rapids, Mich.: Eerdmans, 2004).

Harré, Rom and E. H. Madden, *Causal Powers: A Theory of Natural Necessity* (Oxford: Blackwell, 1975).

Hartshorne, Charles and William Reese (eds.), *Philosophers speak of God* (Chicago: University of Chicago Press, 1953).

Hasker, William, *The Emergent Self* (Ithaca, NY: Cornell University Press, 1999).

Hefner, Philip, *The Human Factor: Evolution, Culture, and Religion* (Minne-apolis: Fortress Press, 1993).

Heil, John, 'Multiply Realized Properties', in Sven Walter and Heinz-Dieter Heckmann (eds.), *Physicalism and Mental Causation: The Metaphysics of Mind and Action* (Exeter: Imprint Academic, 2003).

Hempel, Carl, *Aspects of Scientific Explanation and Other Essays in the Philosophy of Science* (New York: Free Press, 1965).

—— and Paul Oppenheim, 'Studies in the Logic of Explanation', *Philosophy of Science*, 15(1948), 135—75.

Hick, John, *An Interpretation of Religion* (New Haven: Yale University Press, 1989).

Hinze, Bradford and D. Lyle Dabney(eds.), *Advents of the Spirit: An Introduction to the Current Study of Pneumatology* (Milwaukee, Wis.: Marquette University Press, 2001).

Hodgson, Peter, *Winds of the Spirit: A Constructive Christian Theology* (Louisville, Ky.: Westminster John Knox Press, 1994).

Holcombe, Mike and Ray Paton (eds.), *Information Processing in Cells and Tissues* (New York: Plenum Press, 1998).

Holland, John, *Emergence: From Chaos to Order* (Cambridge, Mass.: Perseus Books, 1998).

Hume, David, *Dialogues Concerning Natural Religion*, ed. Norman Kemp Smith (Indianapolis, Ind.: Bobbs-Merrill(Library of Liberal Arts), 1979).

—— *Of Miracles* (La Salle, Ill.: Open Court, 1985).

Jasper, Herbert H., L. Descarries, V. Castelluci, and S. Rossignol (eds.), *Consciousness: At the Frontiers of Neuroscience* (Philadelphia: Lippencott-Raven, 1998).

Johnson, Steven, *Emergence: The Connected Lives of Ants, Brains, Cities, and Software* (New York: Simon & Schuster Touchstone, 2001).

Kalton, Michael, 'Green Spirituality: Horizontal Transcendence', in M. E. Miller and P. Young-Eisendrath(eds.), *Paths of Integrity, Wisdom and Transcend-ence: Spiritual Development in the Mature Self* (New York: Routledge, 2000).

Kass, Leon, *The Hungry Soul: Eating and the Perfecting of Our Nature* (Chicago: University of Chicago Press, 1999).

Kauffman, Stuart, 'Whispers from Carnot: The OriginsofOrder and

Principles of Adaptation in Complex Nonequilibrium Systems', in George Cowen, David Pines, and David Meltzer (eds.), *Complexity: Metaphors, Models, and Reality*, Sante Fe Institute Studies in the Sciences of Complexity, Proceedings, 19 (Reading, Mass.: Addison-Wesley, 1990).

——*At Home in the Universe: The Search for Laws of Self-Organization and Complexity* (New York: Oxford University Press, 1996).

——*Investigations* (New York: Oxford University Press, 2000).

Kim, Jaegwon, 'The Non-Reductivist's Troubles with Mental Causation', in John Heil and Alfred Mele (eds.), *Mental Causation* (New York: Oxford Uni-versity Press, 1993).

——*Supervenience and Mind: Selected Philosophical Essays* (Cambridge: Cam-bridge University Press, 1993).

——'Making Sense of Emergence', *Philosophical Studies*, 95 (1999), 3—36.

——*Mind in a Physical World: An Essay on the Mind-Body Problem and Mental Causation* (Cambridge, Mass.: MIT Press, 1998).

——'Mental Causation and Consciousness: The Two Mind-Body Problems for the Physicalist', in Carl Gillett and Barry Loewer (eds.), *Physicalism and its Discontents* (Cambridge: Cambridge University Press, 2001).

——(ed.), *Supervenience* (Aldershot, England: Ashgate, 2002).

Kitano, Hiroaki, *Foundations of Systems Biology* (Cambridge, Mass.: MIT Press, 2001).

——'Systems Biology: A Brief Overview', *Science*, 295 (1 March 2002), 1662—4.

Kosslyn, Stephen and Oliver Koenig, *Wet Mind: The New Cognitive Neuroscience* (New York: Free Press, 1992).

Laland, Kevin N., 'The New Interactionism', *Science*, 300 (20 June 2003), 1879—80.

Landis, Wayne G. and Ming-Ho Yu, *Introduction to Environmental Toxicology*, 3rd edn. (New York: Lewis Publishers, 2004).

Laughlin, Robert B., 'Nobel Lecture: Fractional Quantization', *Reviews of Modern Physics*,71(1999),863—74.

LeDoux,Joseph, *The Emotional Brain: The Mysterious Underpinnings of Emotional Life*(New York:Simon & Schuster,1996).

Lewes,G. H., *Problems of Life and Mind*, 2 vols. (London:Kegan Paul,Trench,Turbner,and Co.,1875).

Lewin,Roger, *Complexity: Life at the Edge of Chaos*, 2nd edn. (Chicago:Uni-versity of Chicago Press,1999).

Lewis,C.S.,*Miracles: A Preliminary Study*(New York:HarperCollins,2001).

Loewenstein,Werner, *The Touchstone of Life: Molecular Information, Cell Communication, and the Foundations of Life*(New York:Oxford University Press,1999).

Lovelock,James, *Gaia: A New Look at Life on Earth* (Oxford: Oxford University Press,1995).

——*Homage to Gaia: The Life of an Independent Scientist* (Oxford:Oxford University Press,2001).

Lowe,E.J.,'The Causal Autonomy of the Mental',*Mind* 102,No.408 (1993),629—44.

McGinn,Colin,*The Character of Mind: An Introduction to the Philosophy of Mind* (Oxford:Oxford University Press,1997).

——*The Mysterious Flame: Conscious Minds in a Material World* (New York:Basic Books,1999).

——*The Making of a Philosopher: My Journey through Twentieth-Century Phil-osophy*(New York:Harper Collins,2002).

MacKay,Donald,*The Clockwork Image*(London:InterVarsity Press, 1974).

——*Science, Chance and Providence* (Oxford: Oxford University Press,1978).

——*Human Science and Human Dignity*(Downers Grove,Ill.:InterVarsity Press,1979).

——*Science and the Questfor Meaning* (Grand Rapids, Mich. : Eerdmans,1982).

——*Behind the Eye* ,1986 Gifford Lectures,ed.Valery MacKay,(Oxford : Basil Blackwell,1991).

Margenau,H., *Scientific Indeterminism and Human Freedom* (Latrobe,Pa : Archabbey Press,1968).

Markosian, Sed Ned, ' A Compatibilist Version of the Theory of Agent Caus-ation' , *Pacific Philosophical Quarterly* ,80(1999) ,257—77.

Marvin,Walter, *A First Book in Metaphysics* (New York : Macmillan, 1912).

Maturana, Humberto, *Autopoiesis and Cognition : The Realization of the Living* (Dordrecht : D.Reidel,1980).

—— and Francisco Varela, *The Tree of Knowledge : The Biological Roots of Human Understanding* , trans.Robert Paolucci(New York : Random House,1998).

Meilaender, Gilbert, ' The (Very) Last Word' , *First Things* , 94 (1999) ,45—50, Metz,Rudolf, *A Hundred Years of British Philosophy* , ed.J.H.Muirhead(London : G.Allen & Unwin,1938).

Metz, Thaddeus, ' The Immortality Requirement for Life ' s Meaning' , *Ratio* ,16/2(2003) ,161—77.

Metzinger,Thomas (ed.), *Neural Correlates of Consciousness : Empirical and Conceptual Questions* (Cambridge,Mass. : MIT Press,2000).

Michal, Gerhard (ed.), *Biochemical Pathways : An Atlas of Biochemistry and Molecular Biology* (New York : John Wiley & Sons,1999).

Milo,R.*et al.* , ' Network Motifs : Simple Building Blocks of Complex Networks' , *Science* ,298(2002) ,824—7.

Mingers,John, *Self-Producing Systems : Implications and Applications of Auto-poiesis* (New York : Plenum Press,1995).

Morowitz,Harold, *The Emergence of Everything : How the World became Complex* (New York : Oxford University Press,2002).

Morris,Simon Conway, *Life's Solution : Inevitable Humans in a*

Lonely Universe (Cambridge:Cambridge University Press,2003).

Murphy,Nancey,'Divine Action in the Natural Order:Buridan's Ass and Schrödinger's Cat',in Robert J.Russell,Nancey Murphy,and Arthur Peacocke (eds.), *Chaos and Complexity: Scientific Perspectives on Divine Action* (Vatican City: Vatican Observatory Publications, 1995), 325—59.

Nagel,Ernst, *The Structure of Science: Problems in the Logic of Scientific Explan-ation* (London:Routledge and Kegan Paul,1961).

Nagel,Thomas, 'What is it like to be a Bat?,in Ned Block (ed.), *Readings in Philosophy of Psychology*, 2 vols. (Cambridge, Mass.: Harvard University Press,1980).i.159—68.

——*The Viewfrom Nowhere* (New York: Oxford University Press, 1986).

—— *The Last Word* (New York:Oxford University Press,1997).

Nietzsche, Friedrich, 'Ueber Wahrheit und Lüge im aussermoralischen Sinne', *Nietzsche Werke*, ed. Giorgio Colli and Mazzino Montinari, ii/3 (Berlin:Walter de Gruyter,1973).

O'Connor,Timothy,'Emergent Properties', *American Philosophical Quarterly*,31(1994),97—8.

——(ed.), *Agents, Causes, and Events: Essays on Indeterminism and Free Will* (New York:Oxford University Press,1995).

Olson,Everett C.and Jane Robinson, *Concepts of Evolution* (Columbus,Ohio:Charles E.Merrill,1975).

Oltvai,Zoltán and Albert-László Barabási, 'Life's Complexity Pyramid', *Science*,298(2002),763—4.

Ornstein,Jack H., *The Mind and the Brain: A Multi-Aspect Interpretation* (The Hague:Nijhoff,1972).

O' Shaughnessy, Brian, *The Will: A Dual Aspect Theory* (New York:Cambridge University Press,1980).

Oyama, Susan, *The Ontogeny of Information: Developmental Systems and Evo-lution*, 2nd edn. (Durham, NC: Duke University Press,

2000).

Pannenberg, Wolfhart, *Theology and the Kingdom of God* (Philadelphia: West-minster, 1969).

Pap, Arthur, 'The Concept of Absolute Emergence', *British Journal for the Philosophy of Science*, 2(1952), 302—11.

Pattee, Howard H. (ed.), *Hierarchy Theory: The Challenge of Complex Systems* (New York: George Braziller, 1973).

Peacocke, Arthur, *An Introduction to the Physical Chemistry of Biological Oganization* (Oxford: Clarendon Press, 1983, 1989).

——*Theology for a Scientific Age: Being and Becoming—Natural, Divine, and Human*, enlarged edn. (Minneapolis: Fortress Press, 1993).

——*God and the New Biology* (Gloucester, Mass.: Peter Smith, 1994).

——'The Sound of Sheer Silence', in Robert J. Russell *et al.* (eds.), *Neuroscience and the Person* (Vatican City: Vatican Observatory Publications, 1999).

——*Paths from Science towards God: The End of All Our Exploring* (Oxford: OneWorld, 2001).

Pennock, Robert, *Intelligent Design Creationism and its Critics: Philosophical, Theological, and Scientific Perspectives* (Cambridge, Mass.: MIT Press, 2001).

Pepper, Stephen, 'Emergence', *Journal of Philosophy*, 23 (1926), 241—5.

Pesce, Marc, 'Virtually Sacred', in W. Mark Richardson and Gordy Slack(eds.), *Faith in Science: Scientists Search for Truth* (London and New York: Routledge, 2001).

Placek, Tomasz and Jeremy Butterfield (eds.), *Non-Locality and Modality* (Dordrecht: Kluwer Academic, 2002).

Plantinga, Alvin, 'When Faith and Reason Clash: Evolution and the Bible', *Christian Scholar's Review*, 21(1991), 8—33.

——'Evolution, Neutrality, and Antecedent Probability: A Reply to

心
智
与
突
现

Van Till and McMullen', *Christian Scholar's Review*, 21(1991), 80—109.

——'On Rejecting the Theory of Common Ancestry: A Reply to Hasker', *Perspectives on Science and Christian Faith*, 44 (1992), 258 —63.

——*Warrant and Proper Function* (New York: Oxford University Press, 1993).

——'Darwin, Mind and Meaning', *Books and Culture* (May/June 1996).

—— *Warranted Christian Belief* (New York: Oxford University Press, 2000).

Polanyi, Michael, *The Tacit Dimension* (Garden City, NY: Doubleday Anchor Books, 1967).

——*Knowing and Being: Essays*, ed. Marjorie Grene (London: Routledge and Kegan Paul, 1969).

—— and Harry Prosch, *Meaning* (Chicago: University of Chicago Press, 1975).

Prigogine, Ilya, *Order out of Chaos: Man's New Dialogue with Nature* (New York: Bantam Books, 1984).

Primas, Hans, *Chemistry, Quantum Mechanics and Reductionism: Perspectives in Theoretical Chemistry*, 2nd corr. edn. (Berlin: Springer-Verlag, 1983).

Proudfoot, Wayne, *Religious Experience* (Berkeley: University of California Press, 1985).

Pylyshyn, Z. E., 'What the Mind's Eye tells the Mind's Brain: A Critique of Mental Imagery', *Psychological Bulletin*, 80(1973), 1—24.

Ramachandran, V. S. and Sandra Blakeslee, *Phantoms in the Brain: Probing the Mysteries of the Human Mind* (New York: William Morrow, 1998).

Ratzsch, Del, *Nature, Design and Science: The Status of Design in Natural Science* (Albany, NY: SUNY Press, 2001).

Ridley, Matt, *Nature via Nurture: Genes, Experience, and What makes us Human*(New York:HarperCollins,2003).

Robert, Jason Scott, *Embryology, Epigenesis, and Evolution: Taking Development Seriously*(Cambridge:Cambridge University Press, 2004).

Rollo,David,C.,*Phenotypes: Their Epigenetics, Ecology, and E-volution*(London:Chapman and Hall,1995).

Rosenfeld,Israel,*The Strange, Familiar, and Forgotten: An Anatomy of Consciousness*(New York:Alfred A.Knopf,1992).

Rottschaefer,William W.,*The Biology and Psychology of Moral Agency*(Cambridge:Cambridge University Press,1998).

Rowe,William L.,*Thomas Reid on Freedom and Morality*(Ithaca, NY:Cornell University Press,1991).

——'The Metaphysics of Freedom:Reid's Theory of Agent Causation',*American Catholic Philosophical Quarterly*,74(2000),425—46.

Ruse,Michael,*Darwin and Design: Does Evolution have Purpose?* (Cambridge,Mass.:Harvard University Press,2003).

Russell,Robert J.,Nancy Murphy,and ArthurPeacocke(eds.),*Chaos and Com-plexity: Scientific Perspectives on Divine Action*(Vatican City: Vatican Observatory Publications,1995).

——Theo Meyering,and Michael Arbib(eds.)*Neuroscience and the Person*(Vatican City State:Vatican Observatory Publications,1999).

Schulze,Ernst-Detlef and Harold A.Mooney(eds.),*Biodiversity and Ecosystem Function*(Berlin:Springer-Verlag,1994).

Schuster,Peter,'How do RNA Molecules and Viruses Explore Their Worlds',in George Cowen,David Pines,and David Meltzer(eds.),*Complexity: Metaphors, Models, and Reality*,Sante Fe Institute Studies in the Sciences of Complexity Proceedings,19(Reading,Mass.:Addison-Wesley,1990),383—414.

Searle,John,'Minds,Brains,and Programs',*Behavioral and Brain Sciences*,3(1980),417—24.

—— *The Rediscovery of the Mind* (Cambridge,Mass.:MIT Press,

1992).

Seife,C.,'Cold Numbers unmake the Quantum Mind',*Science*,287(4 Feb.2000).

Sellars, Wilfrid, *Science*, *Perception and Reality* (New York: Humanities Press,1971).

Senchuk,Dennis M.,'Consciousness Naturalized: Supervenience without Physical Determinism', *American Philosophical Quarterly*, 28 (1991),37—47.

Sheets-Johnstone, Maxine, 'Consciousness: A Natural History', *Journal of Consciousness Studies*,5(1998),260—94.

Sheldrake,Rupert,*A New Science of Life: The Hypothesis of Morphic Resonance*(Rochester,Vt.:Park Street Press,1981,1995).

Silberstein,Michael,'Emergence and the Mind-Body Problem',*Journal of Consciousness Studies*,5(1998),464—82.

——'Converging on Emergence:Consciousness,Causation and Explanation',*Journal of Consciousness Studies*,8(2001),61—98.

——and John McGreever,'The Search for Ontological Emergence', *Philo-sophical Quarterly*,49(1999),182—200.

Singer,Wolf,'Consciousness from a Neurobiological Perspective',in Thomas Metzinger(ed.),*Neural Correlates of Consciousness*(Cambridge, Mass.:MIT Press,2000).

Smith,Brian Cantwell,*On the Origin of Objects*(Cambridge,Mass.: MIT Press,1996).

Snow,C.P.,*The Two Cultures*,2nd edn.(Cambridge:Cambridge University Press,1964).

Sober,Elliott,'The Multiple Realizability Argument against Reductionism',*Philosophy of Science*,66(1999),542—64.

Spaulding,E.G.,*The New Rationalism*(New York:Henry Holt and Co.,1918).

Sperry,Roger,'A Modified Concept ofConsciousness',*Psychological Review*,76(1969),532—6.

——'Mental Phenomena as Causal Determinants in Brain Function', in G.G.

Globus, G. Maxwell, and I. Savodnik (eds.), *Consciousness and the Brain* (New York: Plenum, 1976).

——'Mind-Brain Interaction: Mentalism, Yes; Dualism, No', *Neuroscience*, 5(1980), 195—206.

——'Consciousness and Causality', in R. L. Gregory (ed.), *The Oxford Com-panion to the Mind* (Oxford: Oxford University Press, 1987).

——'In Defense of Mentalism and Emergent Interaction', *Journal of Mind and Behaviour*, 12(1991), 221—46.

St Augustine, *The Confessions*, trans. Edward B. Pusey (New York: Collier Books, 1972).

Stapp, Henry P., *Mind, Matter, and Quantum Mechanics* (Berlin and New York: Springer-Verlag, 1993).

Stewart, John E., *Evolution's Arrow: The Direction of Evolution and the Future of Humanity* (Canberra, Australia: Chapman Press, 2000).

Szubka, Tadeusz, 'The Last Refutation of Subjectivism?', *International Journal of Philosophical Studies*, 8(2000), 231—7.

Taylor, Richard, *Action and Purpose* (Atlantic Highlands, NJ: Humanities Press, 1973).

Tegmark, Max, 'The Quantum Brain', *Physical Review E* (2000), 1—14.

Thompson, Evan (ed.), *Between Ourselves: Second-Person Issues in the Study of Consciousness* (Thorverton, UK: Imprint Academic, 2001).

Tipler, Frank, *The Physics of Immortality: Modern Cosmology, God, and the Resur-rection of the Dead* (New York: Doubleday, 1994).

Tononi, Giulio and Gerald M. Edelman, 'Consciousness and Complexity', *Science*, 282(1998), 1846—51.

Tracy, Thomas F., 'Particular Providence and the Godofthe Gaps', in Robert J. Russell, Nancey Murphy and Arthur Peacocke (eds.), *Chaos and Complexity* (Vatican City: Vatican Observatory Press, 1995).

Van Gulick, Robert, 'Reduction, Emergence and Other Recent Options on the Mind-Body Problem: A Philosophic Overview', *Journal of Consciousness Studies*, 8(2001), 1—34.

Varela, Francisco, with Natalie Depraz and Pierre Vermersch, *On Becoming Aware: A Pragmatics of Experiencing* (Amsterdam: J. Benjamins, 2003).

——and Jonathan Shear (eds.), *The View from Within: First-Person Approaches to the Study of Consciousness* (Bowling Green, Ohio: Imprint Academic, 1999).

——, Evan Thompson and Eleanor Rosch, *The Embodied Mind: Cognitive Science and Human Experience* (Cambridge, Mass.: MIT Press, 1991).

Velmans, Max, *Understanding Consciousness* (London: Routledge, 2000).

——'How could Conscious Experiences affect Brains?', *Journal of Conscious-ness Studies*, 9(2002), 3—29.

——'Making Sense of Causal Interactions between Consciousness and Brain', *Journal of Consciousness Studies*, 9(2002), 69—95.

von Wright, Georg Henrik, *Explanation and Understanding* (Ithaca NY: Cornell University Press, 1971).

Walter, Sven and Heinz-Dieter Heckmann (eds.), *Physicalism and Mental Causation: The Metaphysics of Mind and Action* (Exeter: Imprint Academic, 2003).

Watson, James D. *et al* . (eds.), *Molecular Biology of the Gene*, 4th edn. (Menlo Park, Calif.: Benjamin/Cummings, 1987).

Weber, Bruce and Terrence Deacon, 'Thermodynamic Cycles, Developmental Systems, and Emergence', *Cybernetics and Human Knowing*, 7 (2000), 21—43.

Weber, Bruce H. and David J. Depew, *Evolution and Learning: The Baldwin Effect Reconsidered* (Cambridge, Mass.: Mit Press, 2003).

Welker, Michael, *Gottes Geist: Theologie des Heiligen Geistes*, trans.

John Hoffmeyer as *God the Spirit* (Minneapolis: Fortress Press, 1994).

Wheeler, John, *At Home in the Universe* (New York: Springer-Verlag, 1996).

——*Geons, Black Holes, and Quantum Foam: A Life in Physics* (New York: Norton, 1998).——'Information, Physics, Quantum: The Search for Links', in Anthony J.G. Hey(ed.), *Feynman and Computation: Exploring the Limits of Computers* (Cam-bridge, Mass.: Perseus Books, 1999).

Whitehead, A. N., *Process and Reality*, corrected edn., ed. David Ray Griffin and Donald Sherburne(New York: Free Press, 1975).

Wiebe, Phillip H., *God and Other Spirits: Intimations of Transcendence in Christ-ian Experience* (Oxford: Oxford University Press, 2004).

Wieman, Henry N., *The Source of Human Good* (Chicago, Ill.: University of Chicago Press, 1946).

Wilson, E. O., *Sociobiology: The New Synthesis* (Cambridge, Mass.: Harvard University Press, 1975).

—— *Consilience: The Unity of Knowledge* (New York: Knopf, 1998).

Wimsatt, William C., 'The Ontology of Complex Systems: Levels of Organiz-ation, Perspectives, and Causal Thickets', *Canadian Journal of Philosophy*, Suppl. vol. 20(1994) 207—74.

Windelband, Wilhelm, 'History and Natural Science' tr. Guy Oakes, *History and Theory*, 19/2(1980), 165—85.

Wolfram, Stephen, *A New Kind of Science* (Champaign, Ill.: Wolfram Media, 2002).

Wolterstorff, Nicholas, *Divine Discourse: Philosophical Reflections on the Claim that God Speaks* (Cambridge: Cambridge University Press, 1995).

Woodhead, Linda with Paul Heelas and David Martin (eds.), *Peter Berger and the Study of Religion* (London: Routledge, 2001).

Woodward, Thomas, *Doubts about Darwin: A History of Intelligent*

Design (Grand Rapids, Mich.: Baker Books, 2003).

Wright, Robert, *Non-Zero: The Logic of Human Destiny* (New York: Pantheon Books, 2000).

Yockey, Hubert, *Information Theory and Molecular Biology* (Cambridge: Cam-bridge University Press, 1992).

Zeleny, Milan (ed.), *Autopoiesis: Dissipative Structures, and Spontaneous Social Orders* (Boulder, Colo.: Westview Press, 1980).

Zurek, Wojciech, 'Decoherence and the Transition from Quantum to Clas-sical', *Physics Today*, 44/10(1991)36—44.

——'Decoherence and the Transition from Quantum to Classical-Revisited', *Los Alamos Science*, 27(2002), 14.

策划编辑:喻　阳

责任编辑:张伟珍

图书在版编目(CIP)数据

心智与突现:从量子到意识/(美)菲里浦·克莱顿 著;刘益宇 译. —北京:
　人民出版社,2024.4
(系统科学与系统管理丛书)
书名原文:Mind and Emergence:From Quantum to Consciousness
ISBN 978 - 7 - 01 - 026381 - 6

Ⅰ.①心…　Ⅱ.①菲…②刘…　Ⅲ.①系统科学-研究　Ⅳ.①N94

中国国家版本馆 CIP 数据核字(2024)第 076897 号

心智与突现

XINZHI YU TUXIAN

——从量子到意识

[美]菲里浦·克莱顿　著

刘益宇　译　许辰佳　校

人民出版社 出版发行

(100706　北京市东城区隆福寺街 99 号)

北京汇林印务有限公司印刷　新华书店经销

2024 年 4 月第 1 版　2024 年 4 月北京第 1 次印刷
开本:710 毫米×1000 毫米 1/16　印张:14
字数:222 千字　印数:0,001—2,000 册

ISBN 978 - 7 - 01 - 026381 - 6　定价:58.00 元

邮购地址 100706　北京市东城区隆福寺街 99 号
人民东方图书销售中心　电话 (010)65250042　65289539